LES

FONDATIONS DE PRIX

A L'ACADÉMIE DES SCIENCES.

LES LAURÉATS DE L'ACADÉMIE.

1714-1880.

Par M. Ernest MAINDRON.

PARIS,

GAUTHIER-VILLARS, IMPRIMEUR-LIBRAIRE
DU BUREAU DES LONGITUDES, DE L'ÉCOLE POLYTECHNIQUE,
SUCCESSEUR DE MALLET-BACHELIER,
Quai des Augustins, 55.

1881

LES

FONDATIONS DE PRIX

A L'ACADÉMIE DES SCIENCES.

LES LAURÉATS DE L'ACADÉMIE.

1714–1880.

PARIS. — IMPRIMERIE DE GAUTHIER-VILLARS, SUCCESSEUR DE MALLET-BACHELIER,
Quai des Augustins, 55.

828

LES

FONDATIONS DE PRIX

A L'ACADÉMIE DES SCIENCES.

LES LAURÉATS DE L'ACADÉMIE.

1714-1880.

Par M. Ernest MAINDRON.

PARIS,

GAUTHIER-VILLARS, IMPRIMEUR-LIBRAIRE

DU BUREAU DES LONGITUDES, DE L'ÉCOLE POLYTECHNIQUE,

SUCCESSEUR DE MALLET-BACHELIER,

Quai des Augustins, 55.

1881

(Tous droits réservés.)

A

MONSIEUR J.-B.-A. DUMAS

DE L'ACADÉMIE FRANÇAISE,

SECRÉTAIRE PERPÉTUEL DE L'ACADÉMIE DES SCIENCES.

A

MONSIEUR J. BERTRAND

SECRÉTAIRE PERPÉTUEL DE L'ACADÉMIE DES SCIENCES.

Hommage de profond respect.

ERNEST MAINDRON.

LES

FONDATIONS DE PRIX

A L'ACADÉMIE DES SCIENCES.

LES LAURÉATS DE L'ACADÉMIE.

1714-1880.

AVERTISSEMENT.

L'Ouvrage que nous publions aujourd'hui renferme tous les documents relatifs à la fondation des prix décernés par l'Académie des Sciences; le lecteur y trouvera aussi la liste des lauréats récompensés à des titres divers par l'ancienne Académie, par la Première classe de l'Institut et par l'Académie actuelle.

Pour ce qui concerne l'ancienne Académie, bien des difficultés se sont rencontrées que nous n'avions pas prévues. Les procès-verbaux de la Compagnie sont restés fort incomplets et n'offrent pas toutes les facilités de recherche qu'on pourrait espérer; Fontenelle et Dortous de Mairan, son successeur, tenaient, il est vrai, un registre des questions proposées et des opérations qui s'effectuaient relativement aux prix, ainsi que cela est attesté par le procès-verbal de la séance du 17 avril 1720, mais ce registre n'a pu être retrouvé.

Celui de Grandjean de Fouchy est le seul qui existe actuellement; il était tenu avec la plus scrupuleuse exactitude; malheureusement Condorcet ne le continua que d'une manière irrégulière, et il ne reste de sa gestion que des notes qui ne peuvent pas être utilisées.

M. — *Prix.*   1

C'èst à l'aide du registre de Grandjean de Fouchy et des notes de Condorcet, à l'aide aussi des Archives de l'Académie, du Recueil des prix et des procès-verbaux de la Compagnie qu'il nous a été possible de reconstituer cette page de l'histoire de l'Académie des Sciences.

Quoique nous ayons toujours donné le montant des prix décernés, nous nous trouvons dans l'obligation de faire quelques réserves à ce sujet. Il est souvent arrivé, en effet, que l'ancienne Académie comme la nouvelle ont augmenté, à l'aide des reliquats en caisse, la valeur des prix qu'elles avaient à solder. Les seules pièces qui pouvaient faire foi dans ces circonstances sont les quittances délivrées par les lauréats : nous en avons toujours tenu compte, toutes les fois que les procès-verbaux les mentionnaient.

En admettant d'ailleurs que quelque oubli de cette nature se soit glissé dans notre travail, il serait de peu d'importance, puisque nous avons eu spécialement en vue de faire connaître les lauréats de l'Académie des Sciences, mais non la quotité des prix qu'ils ont reçus.

HISTORIQUE.

Personne n'ignore que l'Académie française décerne des prix dont Montyon est le fondateur, qu'elle propose également, à des époques déterminées par ses programmes, des prix d'Histoire, de Poésie, d'Éloquence, de Littérature, etc. ; l'immense retentissement de ces Concours a depuis longtemps fixé toutes les attentions, mais on a peu gardé le souvenir des prix que décernait autrefois l'ancienne Académie des Sciences, et l'on connaît mal ceux que propose aujourd'hui encore la nouvelle Académie.

Leur histoire ne serait cependant pas sans quelque intérêt, et nous nous proposons de la faire connaître.

Elle rappellera à ceux qui ont pu l'oublier que le nom de Montyon, si justement honoré aujourd'hui, le seul qui ait survécu aux bruyants orages de la Révolution, n'est pas le premier dont l'Académie des Sciences garde pieusement la mémoire. Ce sera justice que de restituer à Rouillé de Meslay, conseiller au Parlement, la part de reconnaissance qui lui est due pour une fondation importante dont l'Académie a été pendant trois quarts de siècle la libre dispensatrice.

En effet, par un testament dont nous donnerons les dispositions principales, Rouillé de Meslay constituait, dès l'année 1714, l'Académie des Sciences légataire d'une somme de 125 000 livres. L'entrée en possession de ce legs présenta de grandes difficultés ; le fils du légataire, possesseur par la mort de son père d'une fortune considérable, intenta à la Compagnie un procès en nullité de testament. Il perdit ce procès, grâce aux généreux efforts de l'avocat de l'Académie, M⁰ Chevallier.

C'est donc à Rouillé de Meslay qu'il faut reporter cette grande et utile pensée de concours établis au sein des Académies, pensée d'autant plus admirable que les fortunes étaient rares à cette époque et que nombre de grands seigneurs, peu soucieux de consacrer leurs deniers au développement des connaissances humaines, sacrifiaient à d'autres dieux.

Rouillé de Meslay eut cependant des imitateurs : Louis XV, Philippe d'Orléans, Louis XVI, de Sartine, Montyon, l'abbé Raynal, Mignot de Montigny, etc.

Ces généreuses fondations, ou ces sommes une fois données pour la proposition de questions intéressantes, augmentaient l'heureuse influence qu'exerçait déjà l'Académie sur le progrès des sciences ; les travaux qu'elle fit ainsi naître figurent aujourd'hui parmi les œuvres des plus grandes personnalités dont s'enorgueillit la France.

Désireuse de suivre elle-même une voie si profitable au mouvement scientifique, l'Académie, sur la proposition de d'Alembert, prenait la résolution de fonder de ses propres deniers un prix de Physique, et, à cet effet, elle déclarait à l'unanimité, le 5 septembre 1777, renoncer aux *rétributions* ou *épices* données par M. de Meslay aux juges des prix qu'il avait institués.

Par les quelques mots qui précèdent nous avons voulu rappeler les titres de Rouillé de Meslay à la reconnaissance publique, mais nous devons aussi un juste tribut d'admiration et de respect à la mémoire de M. de Montyon ; nous croyons en effet que, si Rouillé de Meslay a été par trop oublié, Montyon n'est pas suffisamment connu. Il avait compris, lui aussi, l'avenir réservé aux études que poursuivait l'Académie et avait mieux saisi peut-être que ses prédécesseurs la direction qu'il convenait de leur donner. En 1780, époque à laquelle il eut la pensée d'aider à la diffusion de ces études en créant le premier de ses prix, il considérait la Science, quelque éclairée qu'elle fût déjà, comme pouvant amener encore des bienfaits sans nombre.

C'est dans ces sentiments qu'il fondait anonymement et à trois dates différentes trois prix, qui devaient être décernés soit à quelque invention, découverte ou chef-d'œuvre dont il puisse résulter un bien pour la société, soit à des recherches tendant à rendre les opérations d'un art moins malsaines, soit enfin à des progrès en Mécanique.

Lors de la Révolution, toutes les sommes appartenant aux Académies furent englouties par la tourmente ; mais, fort des résultats qu'il avait obtenus, M. de Montyon ne renonça point à ses généreux desseins et créa de nouveau, sous le voile de l'anonyme, à des époques diverses, plusieurs prix qui existent encore.

Depuis longtemps la reconnaissance publique avait soulevé ce voile, et, lors de la mort de ce grand citoyen, on apprit sans surprise que l'Académie des Sciences était de nouveau constituée légataire de sommes importantes, dont l'emploi était fixé par un testament que nous ferons connaître.

Ce noble exemple ne fut pas perdu. Depuis cette époque, l'Académie voit venir à elle de nombreux legs destinés à récompenser des travaux ou des recherches de diverses natures. Ces nouvelles libéralités, auxquelles s'ajoutent les prix fondés par l'État, ne la rendent malheureusement pas plus riche, puisque leur emploi est déterminé par des actes de donation ou par des testaments, mais elles augmentent dans des proportions véritablement considérables une tâche que la Compagnie accomplit avec le soin et l'autorité qui lui ont conquis une place si haute et si justement méritée dans le monde entier.

Par le tableau que nous publions aujourd'hui, notre travail embrassant à la fois l'ancienne Académie, la Première classe de l'Institut national et l'Académie actuelle, on verra, spécialement depuis le commencement de ce siècle, que les concours ayant trait aux sciences naturelles sont plus nombreux que ceux destinés par les donateurs à accroître nos connaissances en Mathématiques. L'étude de la Médecine, celles de la Chirurgie, de la Physiologie, de la Botanique, sont d'une nécessité, non pas plus absolue, mais plus pressante que celle de l'Astronomie, par exemple. L'art de guérir embrasse tant d'études et de travaux divers, qu'il n'est pas surprenant que les résultats qu'on est en droit d'en attendre aient plus particulièrement préoccupé les hommes généreux dont nous voulons rappeler les noms.

Les découvertes mathématiques viennent à leur heure augmenter la somme de notre savoir, sans qu'il en résulte instantanément un bien visible et palpable pour tous; leur étude aride, hérissée de difficultés, est inaccessible au plus grand nombre : pourtant les fondations destinées à récompenser les travaux qui s'y rapportent sont importantes, ainsi qu'on va le voir dans la suite de ces recherches.

On pourrait s'étonner que quelques-uns des fondateurs des prix décernés par l'ancienne Académie des Sciences fussent restés inconnus : il n'y a rien là que de très explicable.

En effet, les choses ne se passaient point, au siècle dernier, aussi régulièrement qu'aujourd'hui; il n'était pas nécessaire que le Conseil d'État instruisît de semblables affaires, ni que le Ministre compétent intervînt, ni enfin qu'un décret autorisât l'Académie à accepter les donations qui lui étaient faites.

Quand il s'agissait, non pas de legs ou de donations appuyées d'actes notariés, mais seulement de sommes une fois données, une simple autorisation royale, transmise par le Ministre, suffisait, et les sommes étaient encaissées sans qu'il en restât d'autre trace que le reçu que le Secrétaire en donnait.

Il arrivait aussi que le montant des fondations anonymes était simplement déposé entre les mains d'un notaire, qui, suivant la décision de l'Académie, remettait directement au lauréat la somme promise, ou la restituait au donateur quand la Compagnie avait déclaré que le prix offert ne pouvait être décerné.

Le dernier prix proposé date du mois de juillet 1793; mais, depuis longtemps déjà, l'Académie, gravement menacée dans son existence, ne pouvait plus se réunir ni distribuer d'une manière régulière les prix dont elle disposait. Dès le 27 juin 1792, Lavoisier, rapporteur d'une Commission composée de Laplace, Coulomb, Lagrange, Fourcroy et Vicq d'Azir, proposait, dans un Rapport extrêmement remarquable, de faire emploi des fonds disponibles, provenant de prix non décernés, en posant des questions nouvelles pour l'année 1794, ou en faisant construire, avec l'autorisation de l'Assemblée législative, un télescope égal ou même supérieur à celui d'Herschel.

Les sommes qui restaient en caisse se décomposaient de la manière suivante :

Sur les prix fondés par M. de Meslay...............................	6250^{tt}
Sur le prix de Physique fondé par l'Académie........................	8250^{tt}
Sur le prix annuel de 600 livres fondé par un inconnu (M. de Montyon) en une rente de pareille somme sur le Clergé	4055^{tt}
Sur le prix de 1080 livres sur les maladies des artistes (M. de Montyon) en une rente viagère de pareille somme sur la tête du Roi	4332^{tt} 19^s 8^d
Sur le prix de même somme fondé par le même inconnu (M. de Montyon) pour le perfectionnement des arts mécaniques.....................	2172^{tt} 19^s 8^d
Sur le prix de 600 livres fondé par M. de Montigny en une rente de 863^{tt}18^s sur les arts chimiques	6059^{tt} 9^s
Sur le prix de 1200 livres fondé par M. Raynal................	1200^{tt}
	32320^{tt} 8^s 4^d

L'Académie approuva les conclusions de ce Rapport; mais, les événements se précipitant, elle reconnut bientôt l'impossibilité de publier utilement ses programmes et manifesta alors le désir d'aider à la défense du pays, dans la mesure de ses forces, en lui consacrant, outre les sommes dont elle était restée dépositaire, un morceau d'or natif et quelques instruments en or, qui faisaient partie de son Cabinet.

A cet effet, elle adressait, en mars 1793, au Comité d'Instruction publique de l'Assemblée, un Mémoire ainsi conçu :

L'Académie des Sciences avait prévenu l'année dernière le Comité d'Instruction publique de l'Assemblée législative qu'elle avait en réserve, en numéraire, une somme d'environ 30000 livres, provenant de prix non distribués ou non réclamés.

Ces fonds, d'après le vœu des fondateurs, n'étant point à la disposition de l'Académie, elle avait demandé à l'Assemblée législative d'être autorisée à les employer à la construction d'un grand télescope, égal ou même supérieur à celui d'Herschel.

Elle avait proposé en même temps d'y joindre le morceau d'or natif, ainsi qu'un graphomètre d'or et quelques autres effets de valeur intrinsèque, au total, de 12 à 14 mille livres.

Les travaux importants dont l'Assemblée législative a été occupée dans les derniers moments de son existence lui ont fait perdre de vue cet objet particulier, et l'Académie se trouve encore aujourd'hui dépositaire des mêmes sommes et effets.

Dans ce moment, où tous les bons citoyens doivent se porter aux plus grands efforts pour venir au secours de la Patrie, l'Académie se reprocherait de conserver plus longtemps un fonds mort qui pourrait être utilement employé à solder de braves défenseurs de la République.

Elle demande donc à être autorisée à remettre à la Trésorerie nationale, pour subvenir aux dépenses de la guerre, la même somme en numéraire et les mêmes matières d'or qu'elle avait précédemment proposées pour la construction d'un télescope. L'objet constant des travaux de l'Académie ayant toujours été de concourir de tout son pouvoir à ce qui peut tendre au soulagement de l'humanité souffrante, son vœu serait pour que cette somme fût particulièrement affectée au service des hôpitaux ambulants militaires, pour lesquels il vient d'être ouvert un concours.

Conformément à ce vœu, un décret du 18 mars autorisait l'Académie à déposer à la Trésorerie nationale les sommes en numéraire dont elle faisait l'offre, et cette situation, sensiblement modifiée d'ailleurs par le Comité de Trésorerie de l'Académie, le 17 avril suivant, à la suite d'un examen plus approfondi de la question (¹), se trouvait liquidée par la loi du 8 août 1793, dont le texte suit :

Loi portant suppression de toutes les Académies et Sociétés littéraires patentées et dotées par la nation.

Art. 1ᵉʳ. — Toutes les Académies et Sociétés littéraires patentées ou dotées par la nation sont supprimées.

---

¹) Défalcation faite des sommes engagées pour les années 1794 et 1793, le capital dont l'Académie disposait fut fixé d'un commun accord entre elle et Cambon, membre du Comité des finances de la Convention, à 118455ᵗᵗ 15ᶠ 4ᵈ.

La pépite d'or, le graphomètre, les pièces d'or, les jetons et les médailles d'argent qui appartenaient à l'Académie restèrent à l'Institut jusqu'en l'an XII; c'est seulement à cette époque que, conformément à un arrêté de la Commission administrative en date du 2 ventôse, la Première classe s'en sépara, et que le tout fut porté à la Monnaie pour y être mis à la fonte.

Des procès-verbaux réguliers furent dressés des différentes opérations que cette remise exigea.

	kg
La pépite d'or pesait........................	1,508000
Les instruments et les monnaies d'or pesaient....	1,580900
Les jetons et les monnaies d'argent pesaient.....	1,706200

Le tout a produit un total de 10 001ᶠʳ,26.

De tout temps, les Secrétaires perpétuels de l'Académie ont exercé, sur ses travaux et sur son administration, la plus grande et la plus juste influence. Ces fonctions si délicates, si difficiles à remplir, ont été occupées, depuis l'année 1666, par les illustrations les moins discutées de la Science française; on nous permettra peut-être d'en donner la liste complète en terminant ce rapide exposé; cette liste n'a jamais été publiée, et il nous a paru qu'elle pouvait trouver sa place ici.

Le premier Secrétaire perpétuel de l'Académie des Sciences, nommé directement par le Roi en 1666, fut l'oratorien Jean-Baptiste Duhamel; il en conserva le titre jusqu'en 1697 et se retira; le dernier procès-verbal qu'il ait signé est celui du 4 septembre.

Bernard Le Bovier de Fontenelle lui succéda la même année et signa les procès-verbaux à partir du 13 novembre (¹); il donna sa démission le 14 décembre 1740.

Le 20 décembre, l'Académie procédait à son remplacement. Jean-Jacques Dortous de Mairan était élu et démissionnait à son tour trois ans plus tard, le 23 août 1743.

Jean-Paul Grandjean de Fouchy, appelé à lui succéder le 31 du même mois, conservait ses fonctions jusqu'au 10 mars 1773, époque à laquelle, sur sa propre demande, le Roi accordait à Marie-Jean-Antoine-Nicolas Caritat, marquis de Condorcet, après avis de l'Académie, « l'adjonction et la survivance à la place de Secrétaire, l'intention de Sa Majesté étant qu'il succède à cette place dans le cas où elle viendrait à vaquer ».

L'ancienne Académie ayant cessé d'exister, l'Institut fut créé sur des bases entièrement nouvelles et les Secrétaires furent élus en conformité de la loi du 15 germinal an IV (4 avril 1796), dont l'article 5 est ainsi conçu :

Dans la première séance de chaque semestre, chacune des Classes procédera à l'élection d'un Secrétaire, de la même manière que pour l'élection d'un Président. Chaque Secrétaire restera en fonctions pendant un an et ne pourra être réélu qu'une fois. La première fois, on nommera deux Secrétaires, et l'un d'eux sortira six mois après par la voie du sort.

Dans une séance préparatoire, tenue par la Première classe le 16 nivôse an IV, Cuvier, le plus jeune des membres présents, était appelé à remplir les fonctions de Secrétaire.

(¹) Aucun procès-verbal ne paraît avoir été rédigé du 4 septembre au 13 novembre 1697. C'est donc entre ces deux dates qu'il conviendrait de fixer la nomination de Fontenelle

Le 19 décembre 1853, Jean-Baptiste-Armand-Louis-Léonce Élie de Beau-mont succédait à Arago, décédé le 2 octobre.

Le 3 novembre 1874, M. Joseph-Louis-François Bertrand succédait à Élie de Beaumont, décédé le 21 septembre.

Le 9 juillet 1832, Pierre-Louis Dulong succédait à Cuvier, décédé le 13 mai précédent.

Le 12 août 1833, Marie-Jean-Pierre Flourens succédait à Dulong, démis-sionnaire le 15 juillet.

Le 20 janvier 1868, M. Jean-Baptiste-André Dumas succédait à Flourens, suppléé pendant une longue maladie par M. Coste et décédé le 6 décembre 1867.

L'ANCIENNE ACADÉMIE DES SCIENCES

(1714-1793).

Prix fondés par Rouillé de Meslay.

Par un testament en date du 12 mars 1714, Rouillé de Meslay, conseiller au Parlement, mort en 1715, fondait les prix suivants :

Item, je donne et lègue à l'Académie des Sciences de Paris la rente de quatre mille livres, constituée à mon profit par les Prévosts des marchands et Échevins de la ville de Paris, à prendre sur les aydes et gabelles, par contract passé devant Angot et son collègue, notaires au Châtelet, le 10 février 1714, à condition que Messieurs de l'Académie des Sciences proposeront tous les ans un prix de la moitié de ladite rente, pour estre aussi par eux donné tous les ans à celuy qui aura le mieux réussi par raison et non par éloquence, mais en quelque langue et style que ce soit au jugement de Messieurs de l'Académie, partie d'icelle ou des commissaires par elle nommez sur un *traité philosophique, ou dissertation dont le sujet sera touchant ce qui contient, soutient et fait mouvoir en son ordre les planettes et autres substances contenues en l'univers, le fond premier et général de leurs productions et formations, le principe de la lumière et du mouvement.* Mes méditations m'ont, ce me semble, conduit à cette importante découverte, et approché les yeux de mon entendement de la connoissance de l'Éternel et premier Être. Mais n'ayant les talens de mettre au jour mes conséquences, je m'en remets aux sçavans, et j'espère qu'en suivant ces recherches ils dévoileront des véritez autant essentielles que manifestes et qui augmenteront l'admiration qu'on doit à Dieu. Et sur l'autre moitié de ladite rente, il en sera employé le quart au total pour les *rétributions* ou *épices* de Messieurs les juges, l'autre quart à Monsieur le Secrétaire de l'Académie pour les frais des annonces et publications, et copies des traitez qui seront faits, — et d'en fournir deux exemplaires du plus prisé, avec extrait des principaux, un pour le château de

Sciences un procès qu'il perdit. C'est à cette occasion que, le 3 septembre 1718, la Compagnie prenait la délibération dont les termes suivent :

M⁰ Chevallier, avocat au parlement, ayant soutenu avec beaucoup de capacité et de zèle et avec un entier désintéressement la cause de l'Académie contre M. de Meslay, tant aux requêtes du palais qu'à la grand'chambre, la Compagnie, pour luy marquer sa reconnoissance d'une manière qu'il ne pût refuser, a réglé tout d'une voix qu'il auroit entrée dans ses assemblées toutes les fois qu'il y voudroit venir, et qu'elle lui envoyera un exemplaire de tous les Ouvrages qu'elle donnera au public.

L'entrée en possession du legs Rouillé de Meslay fut confirmée par arrêt de la grand'chambre du 30 août 1718, sur les conclusions de Lamoignon de Blanc-Mesnil.

Toutes ces questions étant réglées, le 16 novembre 1718, une Commission, composée de M. le cardinal de Polignac, président, de M. l'abbé Bignon, vice-président, de M. de la Hire, directeur, de M. de Réaumur, sous-directeur, et de MM. Varignon, Saurin, Cassini, Maraldi et de la Hire fils, fut chargée de délibérer sur la forme que l'on donnerait aux prix Rouillé de Meslay ; le 18 janvier 1719, l'Académie adoptait un Règlement ainsi conçu :

Règlement pour les prix.

Art. 1. — L'Académie nommera, par billets, cinq juges des deux prix pour chaque année, dont trois au moins seront pris dans les trois classes de pensionnaires, géomètres, astronomes, mécaniciens, tous les cinq y pouvant être pris.

Art. 2. — Trois juges étant pris dans les trois classes susdites, les deux autres pourront l'être dans toutes les autres classes.

Art. 3. — Si un prix est remis d'une année à une autre, les mêmes juges seront continuez sans nouvelle élection, seulement pour ce prix-là, et cela jusqu'à ce que ce prix soit donné.

Art. 4. — Nul académicien ne pourra travailler pour les prix, hormis les associez étrangers.

Art. 5. — Les juges d'une année proposeront les sujets de la suivante.

Art. 6. — Les prix seront proclamez à l'assemblée publique d'après Pâques.

Art. 7. — En annonçant les sujets, l'Académie demandera que les auteurs ne mettent point leur nom à leurs Ouvrages, mais seulement des devises ou sentences ; qu'ils en envoyent des copies bien nettes et bien lisibles, surtout dans les calculs, et qu'ils en affranchissent le port ; faute de ces conditions, les pièces ne seront pas reçues.

Art. 8. — Si quelque Ouvrage suppose une machine nouvelle que l'auteur ait besoin d'expliquer, il sera permis à l'auteur de se déclarer, seulement en ce cas-là.

Art. 9. — On invitera les étrangers qui ne pourront ou ne voudront pas écrire en français, à écrire en latin, mais sans obligation.

fût régularisée et ne proposa plus de prix qu'en 1723 pour l'année suivante; encore dut-elle informer le public que la diminution des rentes l'obligeait à ne donner les prix alternativement que tous les deux ans, en portant la valeur du premier à 2500 livres et celle du second à 2000 livres.

Depuis 1724 jusqu'à la suppression des Académies, sauf une diminution dans la quotité des prix rendue nécessaire en 1772 par la conversion des rentes, aucun événement nouveau ne vint interrompre ces luttes pacifiques, auxquelles prirent part les savants dont les noms suivent :

1720. *Quel est le principe et la nature du mouvement, et quelle est la cause de la communication des mouvements?*

CROUSAZ, professeur en Philosophie et en Mathématiques dans l'Académie de Lausanne.   Prix..... 2000₶

Quelle seroit la manière la plus parfaite de conserver sur mer l'égalité du mouvement d'une pendule, soit par la construction de la machine, soit par sa suspension?

MASSY (Nicolas).   Prix..... 500₶

1724. *Démonstration des loix du choc des corps.*

MAC LAURIN, professeur dans l'Université d'Aberdeen.   Prix..... 2500₶
BERNOULLI (Jean).   Accessit.

1725. *Sur la manière la plus parfaite de conserver sur mer l'égalité du mouvement des clepsidres ou sabliers.*

BERNOULLI (Daniel).   Prix..... 2000₶

1726. *Les loix du choc des corps à ressort parfait ou imparfait.*

MAZIÈRE, prêtre de l'Oratoire.   Prix..... 2500₶
ANONYME (Mémoire n° 2).   Accessit.

1727. *Quelle est la meilleure manière de mâter les vaisseaux, tant par rapport à la situation qu'au nombre et à la hauteur des mâts?*

BOUGUER, hydrographe du Roi.   Prix..... 1000₶
LE CAMUS.   Prix..... 1000₶
. ANONYMES (Mémoires nos 4 et 6).   Accessits.

1728. *Sur les causes de la pesanteur.*

BULFFINGER, professeur de Physique dans l'Académie de Saint-Pétersbourg.   Prix..... 2500₶

1729. *Quelle est la meilleure méthode d'observer les hauteurs sur mer, par le Soleil et par les étoiles, soit par des instruments déjà connus, soit par des instruments de nouvelle invention?*

BOUGUER, professeur royal en Hydrographie, au Croisic.   Prix..... 2000₶

La pièce n° 6, qui a pour devise

> Ignea convexi vis, et sine pondere cœli
> Emicuit, summaque locum sibi legit in arce.
>
> OVIDE.

est d'une jeune dame d'un haut rang (la marquise DU CHATELET).

La pièce n° 7, qui a pour devise

> Ignis ubique latet, naturam amplectitur omnem,
> Cuncta parit, renoval, dividit, unit, alit.

est d'un de nos premiers poëtes (VOLTAIRE).

Le n° 6 est intitulé *Dissertation sur la nature et la propagation du feu*.
Le n° 7 porte pour titre *Essai sur la nature du feu et sur sa propagation*.

1740. *Sur le flux et le reflux de la mer.*

CAVALLERI (Antoine), jésuite.		
BERNOULLI (Daniel).	Prix partagé.....	2500ᵗ
MAC LAURIN.		
EULER (Léonard).		

1741. *Sur la meilleure construction du cabestan.*

BERNOULLI (JEAN), fils de Jean Bernoulli.		
POLENI (marquis).	Prix double partagé.....	4000"
LUDOT, avocat au Parlement.		
ANONYME (Mémoire n° 14).		
PONTIS (DE), officier des galères, correspondant de l'Académie.	Accessit.	
FENEL, chanoine de Sens.	»	
DELORME, de l'Académie de Lyon.	»	

1743. *Sur la meilleure construction des boussoles d'inclinaison.*

BERNOULLI (Daniel).	Prix.....	2000ᵗ
EULER (Léonard).	Accessit.	

1746. *L'explication de l'attraction de l'aimant avec le fer, de la direction de l'aiguille aimantée vers le nord, de sa déclinaison et de son inclinaison.*

EULER (Léonard).		
DUTOUR, correspondant de l'Académie.	Prix triple partagé.....	7500ᵗ
BERNOULLI (Daniel).		
BERNOULLI (Jean), fils de Jean Bernoulli.		

1747. *La meilleure manière de trouver l'heure en mer par observations, soit de jour, soit dans le crépuscule, et surtout de nuit, quand on ne voit pas l'horizon.*

BERNOULLI (Daniel).	Prix double partagé.....	4000ᵗ
ANONYME (Mémoire n° 2).		

1748. *Une théorie de Saturne et de Jupiter par laquelle on puisse expliquer les inégalités, que ces deux planètes paroissent se causer mutuellement, principalement vers le temps de leur conjonction.*

EULER (Léonard).	Prix.....	2500ᵗ
ANONYME (Mémoire n° 1).	Accessit.	

1762. *Si les planètes se mouvent dans un milieu dont la résistance produise quelque effet sensible sur leur mouvement.*

Bossut (l'abbé).   Prix..... 2500^{tt}
Anonymes (Mémoires n°s 1 et 2).   Accessits.

1764. *Si l'on peut expliquer par quelque raison physique pourquoy la Lune nous présente toujours à peu près la même face, et comment on peut déterminer, par les observations et par la théorie, si l'axe de cette planète est sujet à quelque mouvement propre, semblable à celuy qu'on connoît dans l'axe de la Terre et qui produit la précession des équinoxes et la nutation.*

Lagrange (de), de la Société royale des Sciences de Turin.   Prix..... 2500^{tt}

1765. *Quelles sont les méthodes usitées dans les ports pour lester et arrimer les vaisseaux de toutes sortes de grandeurs et de différentes espèces, le poids et la distribution des matières qu'on y employe, etc.? (Deuxième concours).*

Bossut (l'abbé).
Bourdé de Villehuet, officier des vaisseaux
  de la Compagnie des Indes.   Prix double partagé..... 4000^{tt}
Groignard, constructeur des vaisseaux du Roi.
Gautier, ingénieur de la marine d'Espagne.

1766. *Quelles sont les inégalités qui doivent s'observer dans les mouvemens des quatre satellites de Jupiter à cause de leurs attractions mutuelles, la loi et les périodes de ces inégalités, surtout au tems de leurs éclipses, et la quantité de ces inégalités suivant les meilleures observations, etc.?*

Lagrange (de).   Prix..... 2500^{tt}

1769. *Déterminer la meilleure manière de mesurer le tems à la mer en exigeant comme une condition essentielle que les montres, pendules ou instruments qu'on pourra présenter pour cet objet ayent subi à la mer des épreuves suffisantes et constatées par des témoignages authentiques.*

Le Roy, horloger du Roi.   Prix double..... 4000^{tt}

1770. *Perfectionner les méthodes sur lesquelles est fondée la théorie de la Lune, fixer par ce moyen celles des équations de cette planète qui sont encore incertaines et examiner en particulier si on peut rendre raison par cette théorie de l'équation séculaire du mouvement de la Lune.*

Euler (Léonard).
Euler (Jean-Albert).   Prix partagé..... 2500^{tt}

1772. *Même question (deuxième concours).*

Euler (Léonard).
Lagrange (de).   Prix partagé, porté à..... 4500^{tt}
Anonyme (Mémoire n° 2).   Accessit.

1773. *Déterminer la meilleure manière de mesurer le tems à la mer, etc. (deuxième concours).*

Le Roy.   Prix double..... 4000^{tt}
Arsandeaux.   Accessit.

Prix offert par le Régent.

Le 21 mars 1716, Fontenelle communiquait la lettre suivante :

Paris, le 15 mars 1716.

Je vous renvoye, Monsieur, plusieurs Placets et Mémoires qui m'ont été adressez depuis quelque temps par des auteurs de différents païs, persuadez qu'ils ont enfin trouvez le secret tant désiré de connoître exactement et facilement les longitudes. Quoy que j'aye grande peine à croire qu'ils ayent réussi, ny même que cette découverte soit bien possible, elle seroit si importante à la navigation, qu'il est juste de ne pas décourager ceux qui s'appliquent à la rechercher. Comme avant de découvrir leur secret, ils insistent tous à se voir assurer des récompenses, vous pouvez leur répondre en mon nom et sur ma parolle que je feray payer la somme de cent mil livres au premier qui aura été assez heureux pour trouver cet admirable secret, aussitôt que l'Académie des Sciences m'en aura rendu témoignage, de quelque nation que puisse être l'inventeur. Vous ne sauriez même rendre trop publique l'assurance que je vous donne icy, et que vous aurez soin d'insérer dans les registres de l'Académie.

PHILIPPE D'ORLÉANS.

L'Académie des Sciences n'eut point occasion de décerner ce prix, et la somme promise par le Régent ne fut jamais mise à sa disposition.

Prix sur l'art de la verrerie, offert par un Anonyme.

Le 2 août 1758, d'Alembert a lu l'écrit suivant :

Un particulier, persuadé de l'importance de l'art de la verrerie dans le royaume relativement à l'agriculture, au commerce et à l'avancement des arts et des sciences, désireroit que les lumières du public fussent étendues sur cet objet par les Memoires des personnes qui l'ont étudié ; pour contribuer autant qu'il dépend de luy à remplir ces vues utiles, il propose un prix de la somme de cinq cents livres pour le Mémoire qui réussira le mieux à déterminer les moyens les plus propres à porter l'œconomie et la perfection dans l'art de la verrerie. Si l'Académie des Sciences veut bien lui permettre de la prendre pour juge et faire publier la question par les voyes ordinaires, affin que l'honneur de recevoir de ses mains le prix proposé, et l'autorité de son jugement, lui donnent une valeur capable d'exciter les bons esprits à le mériter.

L'Académie est priée de charger quelqu'un de recevoir les cinq cents livres qui seront portées sur-le-champ ; il n'est pas besoin d'acte, puisqu'il n'y a pas de suretés réciproques à prendre, son consentement suffira et le dépost consommera tout.

» Après la lecture duquel, dit Grandjean de Fouchy, l'Académie a accepté la proposition qui y étoit contenue ; les cinq cents livres m'ont été remises par

crétaires des Académies de Londres et de Berlin. Le Roy a fort approuvé le zèle qui porte M. le comte de Lauraguais à fonder un prix qui ne peut que contribuer à donner l'émulation pour le progrès des Sciences, mais Sa Majesté pense qu'il convient de remettre à la paix, à écrire les lettres proposées à MM. les Secrétaires de ces deux Académies étrangères. Vous voudrés bien en informer M. le comte de Lauraguais, ainsi que l'Académie des Sciences.

» Vous connoissés les sentiments avec lesquels je suis, Monsieur, etc. »

On peut affirmer que cette affaire n'a reçu aucune solution.

Prix pour l'éclairage des villes, fondé par un Anonyme (M. de Sartine).

En 1763, M. de Sartine, lieutenant de police, ayant demandé à l'Académie de proposer un prix relatif à l'illumination des rues, prix dont il désirait faire les frais, le programme suivant fut adopté par la Compagnie dans sa séance du 31 août 1763 :

Un citoyen zélé pour l'utilité publique et qui ne veut point être nommé a consigné au Trésorier de l'Académie une somme de mille livres pour celui qui aura donné, au jugement de l'Académie, la manière la plus avantageuse d'éclairer pendant la nuit les rues d'une grande ville, en combinant ensemble, le mieux qu'il sera possible, la clarté, la facilité du service et l'économie.

Ce problème, qui paraît simple, est assés compliqué; on n'a point encore suffisamment étudié :

1° Quelles sont les matières combustibles les plus convenables pour former les lampes ou chandelles; si par quelque mélange on ne parviendroit pas à diminuer les inconvénients et le prix de celles qui sont en usage, et en même temps à rendre la flamme plus tenace, c'est-à-dire plus capable de résister soit au vent, soit à l'humidité de l'air, soit à la gelée.

2° Quelles sont les matières les plus propres à faire de bonnes mèches; s'il n'en est point qui puissent éclairer également pendant plusieurs heures.

3° Quelles sont les formes les plus convenables pour les cages des lampes ou des flambeaux.

4° Comment il faut les placer et les espacer dans les rues pour augmenter la lumière et diminuer les ombres.

5° S'il y faut mettre des réverbères, de quelle figure ils doivent être et comment on doit les appliquer.

6° Quelles sont les suspensions ou les supports les plus simples, les plus solides et les plus commodes tant pour l'établissement que pour le service des lampes ou flambeaux destinés à cet usage.

7° Enfin quelles seroient les constructions et dispositions les plus favorables tant pour l'entretien que pour le nettoyement, la solidité et la facilité du service journalier.

Chacun de ces objets demanderoit une suite d'expériences faites avec soin. Les

plus grand degré de réfringence que les autres, détruisent en grande partie l'aberration des rayons colorés que ces derniers auroient nécessairement produite.

Les matières qu'on employe dans la composition des objectifs achromatiques sont une espèce de verre de l'espèce du verre commun et un autre semblable au crystal d'Angleterre ou à ces pierres de composition qu'on nomme *stras*. C'est surtout cette dernière matière que les Anglais nomment *flint-glass,* qu'il est très difficile de se procurer aussi parfaite qu'il seroit à souhaiter. Il s'agissoit donc de donner cette matière le degré de perfection convenable ou de luy en substituer une autre qui eût les mêmes avantages sans avoir les mêmes inconvénients.

C'étoit dans cette vûe que M. Trudaine de Montigny, président de cette Académie, zélé pour le progrès des sciences, avoit remis à cette Compagnie une somme de *douze cens livres* destinée à celuy qui, au jugement de l'Académie, auroit le mieux remply l'objet dont il est question, et le programme contenant l'annonce de ce prix et les conditions à remplir par ceux qui y concourront a été publié au mois de juillet dernier.

La reconnoissance de l'Académie, l'honneur qui doit rejaillir sur ceux qui entreront en lice, et l'émulation qui en doit résulter, ne permettent pas à l'Académie de différer à instruire le public que le Roy, informé par le Rapport de M. le comte de Saint-Florentin et par M. le controlleur général, de l'utilité de cette recherche, a voulu faire luy-même les frais d'une recherche si utile à l'avancement des sciences et des arts et a fait remettre à l'Académie l'assurance de la somme promise, que celuy dont la pièce sera couronnée tiendra ainsi de sa main. L'Académie ne doute point que cette circonstance n'engage ceux qui entreprendront de travailler sur cette matière à redoubler leurs efforts pour entrer dans les vûes d'un monarque qui dans cette occasion ne cherche que le bien non seulement de ses sujets, mais encore de toutes les nations policées.

Le prix fut proposé pour l'année 1767 et remis successivement aux années suivantes ; il ne put être décerné qu'en 1774.

LAURÉAT.

1774. Lıbaude, de la verrerie allemande du Val-d'Anois, près Abbeville.   Prix..... 1200[#]

La question ne parut point épuisée cependant, car l'Académie revint sur ce sujet en 1786 et proposa pour sujet d'un nouveau prix de « *donner, pour la composition d'un verre de l'espèce* flint-glass, *un procédé au moyen duquel on en puisse faire constamment à volonté, et en telle quantité qu'on voudra, les doses de chaux et autres substances qui le composeront devant être déterminées de manière qu'il en résulte un verre pesant et cependant exempt des défauts qu'on reproche au* flint-glass ».

Le prix fut remis à 1791 et porté à la somme de 12000 livres. Il ne put être décerné.

Il y a quelque cinquante ans, Faraday fut chargé, en Angleterre, de reprendre les études relatives à la fabrication du *flint-glass*, et il y procéda

franches de port, au plus tard le 1ᵉʳ août 1771. Toutes personnes pourront prétendre aux prix, même les membres de l'Académie, pourvu qu'ils ne soient point du nombre des juges et qu'ils ne se fassent pas connoître.

Chaque auteur joindra une sentence ou devise à sa pièce, et mettra dans un billet cacheté la même sentence ou devise, ainsi que son nom, à moins qu'il ne veuille rester inconnu.

Le seul billet de la pièce victorieuse sera ouvert.

Les deux prix seront proclamés à l'Assemblée publique de l'Académie d'après la Saint-Martin 1771, et délivrés par le notaire dépositaire aux auteurs des pièces couronnées, ou à leurs porteurs de procuration, sur les certificats de M. de Fouchy.

Le 17 novembre, le Secrétaire perpétuel saisissait l'Académie de cette affaire. Le procès-verbal rend compte, en ces termes, des observations qui furent présentées à ce sujet :

J'ai dit que le jour même de l'assemblée publique (14 novembre 1770) j'avais reçu vers les 11ʰ du matin un paquet de M. de Lacondamine, contenant le programme et la lettre qu'il m'écrivait, qu'aïant communiqué l'un et l'autre à M. Cassini, sous-directeur, et à quelques-uns des principaux académiciens, ils avaient été unanimement d'avis de ne point publier le programme, mais d'en faire mon Rapport à l'Assemblée du 17, ce dont je m'acquittais à l'instant, et j'ai lu ensuite la lettre suivante (¹) de M. de Lacondamine et une de l'auteur.

Sur quoi, l'Académie ayant délibéré, il a été décidé : 1° qu'il serait inséré dans les papiers publics un désaveu formel de cet acte, publié sans l'attache de l'Académie et sans qu'elle en eût la moindre connaissance, ce qui, s'il était toléré, pourrait devenir de la plus dangereuse conséquence; 2° que, si l'auteur persistait dans la même résolution, il ferait imprimer un nouveau programme dans lequel il supprimerait la première question, trop futile et qui porte sur un fait trop peu constaté, sauf à y en substituer une autre et que ce nouveau programme ne serait imprimé qu'après avoir été présenté à l'Académie et examiné par MM. Morand père, Hérissant et Tenon, que l'Académie nomme commissaires à cet effet.

Quatre jours plus tard, dans la séance du 21 novembre, Grandjean de Fouchy faisait approuver par l'Académie la Note qui suit, destinée à faire connaître les motifs sur lesquels elle s'appuyait pour refuser de juger les prix proposés dans le programme qui précède :

L'Académie a vu avec le plus grand étonnement paroître un programme imprimé, sous le titre de *Prix extraordinaires de l'Académie des Sciences;* on y propose deux sujets de prix dont l'Académie n'a pas eu la moindre connoissance, on y dispose de ses officiers et d'elle-même sans qu'elle en ait été informée; elle a donc cru devoir désavouer cet écrit publié sans son aveu et déclarer qu'elle n'entend remplir aucune des conditions qui y sont contenues.

(¹) Cette lettre n'est pas transcrite au procès-verbal et n'existe pas aux Archives de l'Académie.

des deux propositions de prix; on ne peut rien affirmer à cet égard, mais ce qu'on peut dire et ce que ce document prouve, c'est que Lacondamine avait soupçonné la distinction des nerfs moteurs et des nerfs sensitifs, l'une des plus grandes découvertes physiologiques de ce siècle, celle qui fait la gloire de Magendie et de Charles Bell.

Lacondamine était alors dans la situation du soldat dont parle le programme, et plus complètement que lui, puisqu'il avait entièrement perdu le tact et conservé la liberté des mouvements.

Sa Lettre est ainsi conçue :

Étouilli, 28 oct. 1771.

Monsieur mon très cher et très respectable ami, qui ne daignés pas m'honorer du même nom quoique j'ose dire que je le mérite par mes sentimens pour vous, entés sur une estime de plus d'un demi-siècle, j'ai différé, depuis neuf jours que j'ai reçu votre dernière lettre, à vous répondre, pour ne vous pas fatiguer, connoissant votre exactitude ; mais je vois dans votre lettre plusieurs articles qui méritent quelque éclaircissement de ma part.

Je commence par vous confirmer la pleine convalescence de Mme de Lacondamine, qui va toujours de mieux en mieux. Ses démangeaisons sont calmées, le sommeil est revenu, elle mange avec apétit, mais elle est fidèle à son régime rafraîchissant. La saignée réitérée lui a fait beaucoup de bien, les engorgemens des glandes ont presque cessé. Elle ne se nourrit que de bouillons légers, de végétaux, de tisanes, de petit-lait et se baigne tous les jours. Elle vous fait ses tendres complimens. Pour sa mère, c'est le modèle de la santé la plus parfaite. Quant à l'Élégante (¹), je croyois vous avoir mandé que je l'avois laissée dame et maîtresse de notre Chailloterie. Elle va et vient de son couvent à notre hermitage. Nos voisins ont beaucoup d'attention pour elle, elle m'écrit toutes les semaines et me demande toujours de vos nouvelles. Mon neveu, sa femme et ses enfans se portent à merveille, ils vivent dans la plus grande union et le spectacle de sa petite famille, de trois jolis enfans dont les facultés se développent à trois étages différens, m'intéresse et m'occupe agréablement. J'avois essayé, les années précédentes, le marc de raisin : j'ai voulu cette année éprouver si la grappe même et la cuve de la vendange seroient plus efficaces. Je n'en ai retiré aucun soulagement, au contraire, ce qui me persuade que mon engourdissement inférieur procède plutôt d'érétisme ou de tension que de relâchement dans les fibres nerveuses. Mes jambes s'affoiblissent de plus en plus. Je prévoyois dès avant mon départ que j'en perdrois bientôt l'usage. *Durum sed levius fit patientia, etc.*

C'est une dure extrémité ;
Mais, quand le mal est sans remède,
La patience, à qui tout cède,
Aide à subir la loi de la nécessité.

Vous me paroissez bien sévère de trouver quelque indécence à moi d'avoir envoyé à ma femme une chanson qui exprimoit mes regrets d'avoir dégénéré.

(¹) Mademoiselle de Faverolles.

lesquels ma gratification est assignée étoient réduits. Mais si M. le duc d'Aiguillon conserve la disposition annuelle de 1300 mil liv. sur lesquelles ma gratification est assignée depuis cinq ans, et qu'il me la retranche, je serai bien fondé à croire qu'il est faux qu'il fût disposé à m'obliger, comme Madame sa mère m'en a assuré, et qu'il ne demandoit que les éclaircissements, que je lui ai fournis plus amplement qu'il n'étoit en droit de l'exiger, de l'origine de cette grâce, connue du Roi, et de la légitimité de mes titres.

Je vois qu'il n'y a de ma dernière lettre que la copie de celle de Voltaire qui vous ait fait plaisir. Voici un extrait de gazette (dont je fais ici ma nourriture) que j'ai cru mériter votre curiosité. Je vais faire un souhait barbare : que vous avaliés une épingle à cent vingt ans au risque d'en mourir.

Vous voyés que je ne suis pas aussi laconique que vous; mais le plaisir que j'ai de m'entretenir avec vous m'entraîne d'autant plus qu'ici je suis en mesure, au lieu qu'en présence je n'y suis plus, à cause de ma surdité. Cela me fait souvenir de M. Thomas Diafoirus, qui prie sa maîtresse de reculer pour dire sa troisième révérence. Je vous dirai donc ce que j'écrivois à Mme la duchesse de Choiseul :

> Moi qui n'entens ni cloche ni tambour,
> Moi qui de loin repreas mon existence,
> Je dois choisir le tems de mon absence
> Pour essayer de vous faire ma cour.

Il me resteroit à vous répondre sur le reproche que vous me faites de ma bonne chère. Je n'ai sur cela aucune vanité; mais, comme je sens qu'on n'est pas tenté de faire visite à un sourd, je voudrois et j'ai pu doner un dîner tel quel, une fois la semaine, à trois ou quatre amis ou collègues, ne fût-ce que pour savoir ce qui se passoit à l'Académie qui m'intéresse, car ce n'étoit pas plus souvent; mais mon parti est pris. Mon carosse étoit plus pour Mme de Lacondamine que pour moi; ce n'est que pour elle que je le regrette, quoiqu'elle en usât moins que sa mère. Je le changerai en chaise à porteurs. Feue ma mère quitta le sien en 1720, j'en ai vu deux dans la maison en mon enfance, je n'en ai eu un à moi qu'à soixante ans; encore n'ai-je eu des chevaux continuellement qu'à soixante-cinq : je saurai m'en passer à soixante-dix. *Vale et amantem redama.*

LACONDAMINE.

Prix pour le titre d'Ingénieur de l'Académie, donné par le Roi.

Le 1er juin 1774, l'Académie recevait communication de la Lettre suivante, adressée à Grandjean de Fouchy :

A Paris, le 22 mai 1774.

J'ai mis, Monsieur, sous les yeux du Roi, à mon travail avec Sa Majesté, la demande faite par l'Académie, et c'est avec bien du plaisir que je vous donne avis que Sa Majesté a accordé la somme de deux mille quatre cents livres pour être employée

Prix fondé par une Compagnie anonyme sur l'art de la teinture.

Par une lettre du 3 novembre 1774, Roland de la Platière, inspecteur des manufactures de Picardie, informait l'Académie qu'une Compagnie de particuliers d'Amiens, voulant concourir aux progrès des arts et des sciences, et sentant combien la théorie de l'art de la teinture était encore peu avancée, désirait proposer un prix sur cet objet; elle offrait en conséquence une somme de *douze cents livres*, pour faire le fonds de ce prix, à condition que l'Académie voudrait bien le proposer, qu'elle accepterait d'en être juge et que tous les Mémoires qui auraient été admis au concours seraient remis aux concurrents dès que le prix aurait été décerné.

Lavoisier et Macquer furent chargés d'examiner cette affaire. Le 17 décembre, Lavoisier donnait lecture d'un Rapport duquel nous extrayons ce qui suit :

..... Comme, d'après la Notice jointe à la lettre de M. de la Platière, il ne s'agit de rien moins que d'un Traité complet de l'art de la teinture, et que cette matière offre un champ d'expériences extrêmement vaste et qui s'étend à presque toutes les parties de la Chimie, la Société qui souhaite proposer ce prix aurait désiré qu'il eût été possible d'ajouter à la somme, et elle s'en rapporte à l'Académie sur les moyens qu'on pourrait employer pour l'augmenter.

L'Académie, consultée, décida que le sujet à traiter était trop étendu et qu'il y avait lieu de proposer aux membres de la Société de le restreindre.

Il fut également résolu qu'on ne pourrait communiquer les pièces qui auraient concouru qu'après le jugement et en annonçant dans le programme qu'elles seraient communiquées.

Ces dispositions ayant été acceptées, l'Académie proposa pour sujet du prix sur l'art de la teinture la question suivante :

L'analyse et l'examen chimique de l'indigo qui est dans le commerce, pour l'usage de la teinture.

La Compagnie fondatrice de ce prix est restée inconnue.

LAURÉATS.

1777. QUATREMÈRE.		
HECQUET D'ORVAL.	Prix partagé.....	1200[lt]
RIBAUCOURT.		
BERGMANN, correspondant de l'Académie.	Accessit.	

comme nous avons lieu de le croire. En ce cas, nous proposons d'employer tous les deux ans la somme de quinze cents livres qui proviendroit de cette renonciation, à un *prix de Physique* qui seroit proposé par l'Académie. Nous disons un prix de Physique, parce que le sujet du prix annuel ordinaire étant presque toujours mathématique ou physico-mathématique, les classes de Physique de l'Académie, c'est-à-dire les trois classes d'Anatomie, de Chimie et de Botanique, partageroient alors avec les classes de Mathématiques l'avantage d'avoir aussi un sujet de prix à proposer, qui pourroit successivement avoir pour objet ces différentes sciences.

Une autre somme, qui est aussi de quinze cents livres en deux ans, est affectée au Secrétariat de l'Académie par l'institution du prix. Cette somme a été accordée à M. Defouchy comme un dédommagement nécessaire des sacrifices qu'il a faits par sa retraite et comme la récompense très juste de ses travaux. M. le marquis de Condorcet, secrétaire actuel, déclare qu'il renonce dès à présent au droit qu'il pourroit avoir un jour sur cette somme, qui serviroit alors à augmenter du double le prix que nous proposons.....

Après la lecture de cet écrit, les propositions qui y sont contenues ont été acceptées à l'unanimité.

Il a été statué également que la classe d'Anatomie s'assembleroit pour régler avec les officiers de l'Académie le programme du nouveau prix.

La première question adoptée dans la séance du 12 novembre et proposée pour l'année 1779 avait pour objet l'*exposition complète du système des vaisseaux lymphatiques;* elle fut retirée et remplacée par l'*histoire naturelle du coton et des cotonniers.*

La question concernant *le borax et le sel sédatif* fut alors proposée et remplacée à son tour par celle du *nerf intercostal chez l'homme,* puis par celle du *nerf intercostal dans les animaux,* puis encore par la question relative à la *meilleure manière d'étudier et de décrire la Minéralogie.*

La dernière question proposée est celle du prix remporté par Duhamel.

LAURÉATS.

1787. *Déterminer par des caractères aisés à saisir, même par ceux qui n'ont pas fait une étude particulière de la Botanique, les différences qui existent entre les cotonniers d'Asie, d'Afrique et d'Amérique, etc.*

QUATREMÈRE D'ISJONVAL.   Prix..... 1500#

1793. *Faire connaître quelle est la nature et la disposition des différentes substances qui, non seulement servent d'enveloppe aux couches de charbon de terre, suivant leurs qualités, mais encore forment les bancs de roche interposés entre ces couches; indiquer ces substances, de manière à guider tous ceux qui peuvent faire des recherches de ce combustible, etc.*

DUHAMEL fils, ingénieur des Mines.   Prix..... 1500#

naires, un membre de chaque classe, pensionnaire ou associé ; ils formeront un Comité dans lequel, parmi les Ouvrages présentés, dans l'intervalle de cette séance à la séance à huitaine, ils choisiront au moins *deux* et au plus *trois* de ces Ouvrages, comme les plus dignes du prix.

Ils en rendront compte à l'Académie dans la séance à huitaine, et alors, à la pluralité des suffrages de tous ses membres, l'Académie décernera le prix à un de ces Ouvrages.

Art. 4. — Dans le cas où il y auroit partage entre les membres du Comité, ils appelleront pour former la décision trois des officiers, savoir le Président et à son défaut le Vice-Président, le Directeur et à son défaut le Vice-Directeur, le Secrétaire et à son défaut le Trésorier ; et, s'il n'y a pas trois officiers, le nombre de trois sera complété par les membres de l'Académie les plus anciens présens à la séance et ne faisant point partie du Comité.

Le prix de six cents livres n'a pu être décerné que trois fois, à des dates qu'il ne nous est pas possible de préciser ;

1° A Montgolfier, pour ses machines aérostatiques. 600^{tt}

2° A Magnier, à titre de gratification à l'occasion du prix relatif à la construction d'un quart de cercle, décerné en 1779. 600^{tt}

3° A Mascagni (P.), pour la dissertation qu'il a faite sur les vaisseaux lymphatiques. 600^{tt}

Prix sur l'alcalisation du sel marin, donné par le Roi.

Le Roi, désirant augmenter dans son royaume la fabrication des sels alcalins et procurer à ses sujets de nouvelles lumières sur une opération si importante pour le commerce, a jugé utile de faire de cette opération le sujet d'un prix et a bien voulu, par une lettre du Ministre de ses Finances, charger l'Académie des Sciences de proposer ce prix et de le juger.

La question posée était la suivante :

Trouver le procédé le plus simple et le plus économique pour décomposer en grand les sels de mer, en extraire l'alkali qui lui sert de base, dans son état de pureté, dégagé de toute combinaison acide ou autre, sans que la valeur de cet alkali minéral excède le prix de celui que l'on tire des meilleures soudes étrangères.

Le prix de l'alcali était de deux mille quatre cents livres ; il fut proposé pour 1783 et remis successivement jusqu'en 1788. Il n'a point été décerné.

Il n'est pas contesté cependant que c'est à la suite du mouvement imprimé par la publication du programme de l'Académie que survinrent toutes ces

Prix des Arts insalubres, fondé par un Anonyme (M. de Montyon).

D'Alembert, dans la séance du 17 avril 1782, a lu un Mémoire sur une donation de douze mille livres qu'on propose de faire à l'Académie pour un prix sur les moyens de préserver les ouvriers des dangers auxquels les exposent les différents procédés des arts.

Tandis qu'on applaudit au succès des arts, disait l'auteur de ce Mémoire, tandis qu'on admire les prodiges nouveaux dont ils embellissent et enrichissent journellement la société, on ignore ou plutôt on oublie que presque toutes les opérations sont malsaines ou meurtrières. Il s'en faut peu que le dénombrement des différentes classes d'ouvriers ne soit une liste de victimes.

Carrier, plâtrier, chaufournier, briquetier, tuilier, tailleur de pierres, verrier, miroitier, ou du moins ouvrier qui met au tain, doreur sur métaux, peintre, broyeur de couleurs, etc. Foulon, cardeur, tisserand, tanneur, corroyeur, chapelier, buandier, etc. Cribleur, blutier, saunier, brasseur, etc. Amidonnier, chandelier, potier de terre, etc. Ouvriers qui creusent les puits, vident les fosses d'aisances, enterrent les morts, etc. Tous les ouvriers employés à tirer les métaux des mines, et la plupart de ceux qui les travaillent, etc.

Dans toutes ces professions, la matière extraite ou fabriquée s'atténue ou se volatilise, s'insinue dans le corps humain et y porte des particules arsénicales, sulfureuses, métalliques, vénéneuses, etc., ou des molécules incisives, ou une poussière qui attaque les poumons, ou un air corrompu, espèce de mouffette artificielle..... On vous propose, Messieurs, de fonder un prix annuel en faveur d'un Mémoire ou d'une expérience qui rende les opérations des arts mécaniques moins malsaines ou moins dangereuses.

L'Académie fera connoître chaque année quel doit être l'objet du Mémoire ou de l'expérience ; et le premier prix sera donné dans l'assemblée publique d'après Pâques 1783.

On destine à cette fondation une somme de douze mille livres qui sera placée dans le nouvel emprunt en rente viagère sur la tête du Roi et sur celle de Monseigneur le Dauphin, et les intérêts serviront à payer une médaille qui formera le prix.

L'Académie, après avoir prononcé l'acceptation de cette donation, sollicita l'agrément du Roi et l'obtint.

Elle proposa le premier prix des Arts insalubres, dont la valeur fut fixée à 1080 livres, pour l'année 1783 ; la question était la suivante :

Déterminer la nature et les causes des maladies auxquelles sont exposés les doreurs au feu ou sur les métaux, et la meilleure manière de les préserver de ces maladies, soit par des moyens physiques, soit par des moyens mécaniques.

1789. *La meilleure manière de distribuer suivant des rapports donnés un volume déterminé d'eau entre les différents quartiers d'une ville, en ayant égard aux divers accidens de terrein, c'est-à-dire aux inégalités des hauteurs des lieux où les eaux doivent être envoyées, aux pentes et aux sinuosités du terrein.*

GONDOUIN-DESLUAIS.   Prix double..... 2160^{tt}

1792. *Recherches sur la meilleure manière d'établir les écluses, soit pour les canaux de navigation, soit pour les ports de mer, de les construire solidement dans toutes leurs parties et d'en faciliter la manœuvre.*

GIRARD, ingénieur des Ponts et Chaussées à Poitiers.   Prix double..... 2160^{tt}

Prix pour la machine de Marly, donné par le Roi.

Le Roi avait fait annoncer en 1783, par M. le comte d'Angivilliers, qu'il destinait une somme de 12000 livres à la création de trois prix qui devaient être décernés, en 1785, aux auteurs qui, au jugement de l'Académie, auraient proposé *la meilleure manière de rétablir ou de perfectionner la machine actuelle de Marly, ou de remplacer cette machine par une autre.*

Le premier prix était de 6000 livres, le second de 4000 livres, le troisième de 2000 livres.

Le 23 mars 1785, une Commission, composée de Bossut, Monge, Coulomb, Borda et Périer, donnait communication du Rapport suivant :

Nous sommes d'avis qu'on ne peut donner le prix concernant la machine de Marly à aucune des pièces qui ont été envoyées pour le concours, quoique cependant plusieurs d'entre elles contiennent des observations intéressantes et utiles, et nous demandons qu'on le propose une seconde fois pour l'année 1787, avec les conditions suivantes, qu'on ajoutera au programme précédent ([1]) :

1º Que les auteurs seront invités à apprécier, autant qu'il sera possible, les avantages et les défauts de la machine actuelle de Marly, afin qu'on puisse juger s'il y a beaucoup à attendre de machines mieux entendues et mieux exécutées.

2º Que les auteurs pourront être dispensés d'envoyer des modèles pour les machines qu'ils proposeront; qu'il suffira qu'ils expliquent clairement leurs idées par le discours et par des figures. Si néanmoins ils jugeaient à propos de s'expliquer aussi par des modèles, ils pourront se contenter d'envoyer de petits modèles et seulement pour les parties qu'ils jugeront les plus nouvelles et les plus utiles dans leurs projets.

([1]) Il ne nous a pas été possible de retrouver le premier programme; c'est pourquoi nous avons cru devoir reproduire ce Rapport, qui donne quelques renseignements intéressants à connaître.

Il s'agit donc d'examiner d'abord l'objet du prix en lui-même et ensuite la forme sous laquelle on propose à l'Académie de concourir au jugement. La question proposée se réduit à trouver une ou plusieurs formules générales qui renferment toutes les conventions relatives à la propriété que les hommes peuvent former entre eux et toutes les conditions qu'on peut opposer à ces conventions, de manière qu'un homme qui veut former une convention puisse, sans être gêné dans l'exercice légitime de sa liberté, choisir une de ces formules et n'avoir à y substituer que des désignations individuelles d'objets, de sommes, de personnes, de dates, etc.

Si ce problème étoit résolu complètement, on voit qu'on éviteroit tous les procès qui ont pour cause l'obscurité ou l'équivoque du sens des actes.

Cette question nous a paru importante de la manière dont elle est exposée dans le programme ; elle appartient à la logique et à la science des combinaisons autant qu'à la jurisprudence et à la politique, et la science des combinaisons peut être regardée comme une branche de Mathématiques. Nous croyons que l'Académie ne doit pas considérer l'objet de ce prix comme étranger à ses occupations.

Celui qui a proposé le prix désireroit qu'il fût jugé par trois Compagnies savantes, choisies dans des païs différents.

Les commissaires qui représenteront ces trois Compagnies mettront sur chacune des pièces soumises à leur jugement une marque qui signifiera qu'ils jugent la pièce très bonne, ou renfermant une solution suffisante, ou seulement donnant une solution approchée, ou enfin n'en donnant aucune. Chaque pièce auroit, par ce moyen, trois marques, et le programme contient d'avance les combinaisons, trois à trois, de ces quatre marques qui doivent obtenir la préférence et donner droit soit au prix entier, soit à la moitié du prix.

Les auteurs sont obligés de donner trois copies de leurs Ouvrages, une pour chaque Académie, en sorte que chacune d'elles n'aura aucune connoissance du jugement que les autres auront porté, et qu'il subsistera entre elles, à tous égards, une égalité parfaite.

Après le jugement, les pièces seront renvoyées au fondateur du prix, qui, d'après les notes dont elles seront chargées, le délivrera conformément au programme.

Cette manière de se procurer le résultat des jugements combinés de trois Compagnies nous a paru ingénieuse. En effet, par cette méthode, aucun des corps qui jugera n'a le moindre avantage, et celui qui prononce le résultat est purement passif.

Le fondateur du prix n'est point François ; ainsi l'Académie des Sciences n'avoit point un droit particulier à sa confiance, et toutes les grandes Académies de l'Europe ne doivent, pour leur propre intérêt comme pour celui des Sciences, que prétendre à l'égalité entre elles.

Nous pensons, en conséquence, que l'Académie peut accepter la proposition qui lui a été faite, en applaudissant au zèle que le fondateur du prix montre pour le bien général des hommes, et agréer la méthode qu'il propose pour le jugement. Cette méthode, dont c'est ici le premier exemple, peut être utile, parce qu'il y a plusieurs questions, et celle-ci nous paroît être du nombre pour lesquelles il seroit bon de se procurer les lumières réunies de nations les plus éclairées.

Le fondateur du prix a senti que le travail dont seroient chargés les académiciens

Prix donné par une Compagnie anonyme pour un projet de machines hydrauliques, destinées à remplacer celles du Pont Neuf et du Pont Notre-Dame.

Le 17 octobre 1786, le baron de Breteuil adressait à Condorcet le programme suivant d'un prix à décerner en 1787 :

Une Société de citoyens, réunis par le goût des arts utiles, a déposé une somme de douze mille livres, destinée à l'artiste qui, au jugement de l'Académie royale des Sciences, fournira le projet de la meilleure machine hydraulique qui puisse remplacer aux moindres frais possibles les machines à eau du Pont Neuf et du Pont Notre-Dame.

1° Cette nouvelle machine devra élever une quantité d'eau, non seulement suffisante pour remplir toutes les conduites existantes et dépendantes des machines actuelles, mais encore surabondante, afin que la ville puisse augmenter, s'il en est besoin, les fournitures d'eau dont elle est chargée envers le public et les particuliers.

2° L'économie et la simplicité étant le but principal que l'on propose aux artistes, on désire que la nouvelle mécanique s'adapte aux conduites actuelles sans qu'il soit besoin de les changer ou de les déplacer, afin d'épargner au public l'embarras des remuements et des creusages dans les rues, afin aussi d'éviter de nouveaux frais de conduites, excepté dans le cas d'augmentation de fournitures, car il est essentiel de laisser aux particuliers l'espérance et la possibilité de jouir de l'amélioration qu'on aura procurée.

3° La nouvelle machine devra faire un service continuel sans que la crue des eaux, ni leur diminution, ni la gelée, ni les glaces puissent le suspendre ou l'interrompre.

4° L'embarras de la navigation et la perspective désagréable des machines actuelles étant un de leurs principaux inconvénients, la mécanique nouvelle ne devra exiger l'établissement d'aucune construction dont la forme et le volume puissent nuire soit à la navigation, soit à la libre circulation de l'air, soit à la perspective agréable du cours de la Seine. La Société désireroit même qu'elle fût susceptible d'une forme élégante qui concourût à la décoration intérieure de Paris.

5° La mécanique nouvelle devra élever l'eau de manière qu'avant d'être versée dans les conduits, elle soit parfaitement clarifiée, quel que soit l'état de la rivière, et que cette opération s'exécute sans faire reposer l'eau sur son dépôt ;

6° La Société a exclu du concours au prix proposé toute invention dont l'agent exigeroit une consommation quelconque de combustibles ou de fourrages, c'est-à-dire qu'elle en proscrit le feu et les animaux.

7° Les concurrents seront libres ou de présenter des modèles de leurs inventions, ou d'en remettre des plans détaillés, mais d'une clarté satisfaisante pour n'exiger aucune explication, et, comme l'économie est une des conditions les plus importantes à vérifier, les artistes joindront à leurs modèles ou plans le devis des constructions qu'ils proposeront. Ils feront entrer dans leurs calculs les valeurs

Le 6 juin 1788, le baron de Breteuil informait Condorcet que le Roi approuvait que l'offre de l'abbé Raynal fût acceptée.

La première question, proposée pour 1790, puis pour 1792, fut la suivante : *Trouver, pour la réduction de la distance apparente de deux astres en distance vraie, une méthode sûre et rigoureuse qui n'exige cependant dans la pratique que des calculs simples et à la portée du plus grand nombre des navigateurs.*

Le prix ayant été décerné, l'Académie demanda, pour 1793, une *méthode pour trouver la latitude en mer, autrement que par la détermination méridienne d'un astre.*

Cette proposition n'eut pas de suite, l'Académie ayant été supprimée avant qu'elle pût en recevoir.

LAURÉATS.

1792. Richer (J.-F.), ingénieur breveté de l'Académie.	Prix double..... 2400[*]
Anonyme (Mémoire n° 4).	Accessit.
Leguix.	Mention honorable.
Sheperd.	»

Prix offert par M. Windisch-Graetz.

Il n'existe sur la fondation de ce prix que la pièce suivante, qu'on trouve aux Archives de l'Académie, et qui est de la main de Tillet, le prédécesseur de Lavoisier dans les fonctions de Trésorier perpétuel :

Le 26 avril 1788.

J'ay reçu de M. Windish Gratz, de Bohème, la somme de douze cents livres pour un prix extraordinaire dont le sujet sera au choix de l'Académie des Sciences.

Les procès-verbaux ne font mention ni de la réception de la somme ni de la création du prix. On n'en retrouve de traces que dans une séance tenue par le Comité de Trésorerie le 17 avril 1793. Là, il est constaté que le prix Windisch-Graetz n'a pas été décerné et que les 1200 livres qui en forment le montant sont à la disposition du donateur.

On peut croire que le prix dont il s'agit n'était offert à l'Académie que conditionnellement, puisque sa valeur n'est pas mentionnée dans le Rapport du 27 juin 1792 (¹).

(¹) *Voir* p. 6.

En accordant la préférence à deux étrangers, ajoute le rapporteur, l'Académie a trouvé dans ses sentimens pour ces hommes illustres la preuve de cette vérité, que les savans de toutes les nations sont citoyens d'une patrie commune et partagent la gloire de leurs rivaux, par le plaisir de rendre hommage à leurs talens et à leurs succès.

LAURÉATS.

1791-1792. Herschel (Friedrich-Wilhelm). — Pour avoir découvert une nouvelle planète, pour avoir perfectionné les télescopes au point d'en avoir exécuté un de 40 pieds, qui a 4 pieds d'ouverture et dont la mécanique augmente le mérite, enfin pour avoir dressé le Catalogue de 2000 nébuleuses, tandis que les astronomes n'en connaissaient que 100. Prix..... 1200^f

Mascagni (Paul). — Pour son Ouvrage publié en 1787 sous le titre *Vasorum lymphaticorum historiæ.* Prix..... 1200^f

1793. Guyton de Morveau. Prix..... 1200^f

Prix offert par le Ministre de la Marine.

Le 25 juillet 1793, Dalbarade, Ministre de la Marine, adressait à l'Académie la lettre suivante :

L'humanité sollicite un régime plus salutaire pour les gens de mer; la conservation du biscuit, celle des légumes sont deux objets dont l'importance a fixé plus particulièrement mon attention.

Je désirerais qu'on trouvât des moyens peu dispendieux de rendre inaccessible aux insectes le biscuit contenu soit dans des caisses, soit dans des boucauts et dans les soutes, et qu'un procédé simple permît de conserver très sains, le plus longtemps possible, les légumes sur les vaisseaux de la République.

Je vous prie donc, citoyens, d'inviter les savants et les artistes à s'occuper de ces deux objets, et je vous autorise à déterminer la récompense que vous croirez convenable d'accorder à ceux des citoyens qui, à votre jugement, l'auront méritée.

J'attends ce soin d'une Société qui vit toujours l'emploi le plus précieux de ses lumières dans l'amélioration du sort des hommes.

L'Académie s'empressa d'accepter cette offre et proposa de décerner en 1794 un prix de 6000 livres à celui qui aurait le mieux répondu à la question suivante :

Trouver des moyens peu dispendieux de préserver des insectes le biscuit conservé dans les ports ou contenu, sur les vaisseaux, soit dans des caisses, soit dans des boucauts et dans les soutes, et de conserver très sains, le plus longtemps possible, les légumes sur les vaisseaux de la République.

L'Académie ayant été supprimée le 8 août suivant, ce prix ne fut jamais décerné.

LA PREMIÈRE CLASSE DE L'INSTITUT NATIONAL.

1795-1816.

Le 22 août 1795 commençait, sinon pour l'ancienne Académie des Sciences, au moins pour beaucoup de ses membres, une vie nouvelle. Rien du passé n'avait survécu aux événements; l'Académie elle-même avait perdu son indépendance avec son titre et faisait désormais partie de l'Institut national des Sciences et des Arts.

Créé par la loi du 5 fructidor an III, constitué, doté et réglementé par celles des 3 brumaire, 29 brumaire et 15 germinal an IV, l'Institut était divisé en trois classes. La Première classe, celle des *Sciences physiques et mathématiques*, était composée de soixante membres résidant à Paris et de soixante associés répandus dans les différentes parties de la République; la Seconde classe, celle des *Sciences morales et politiques*, avait trente-six membres et trente-six associés; enfin la Troisième classe, celle de *Littérature et Beaux-Arts*, quarante-huit membres et quarante-huit associés. Chacune de ces trois classes était appelée à décerner des prix dont elle devait publier les programmes. Nous ne nous occupons ici que de ceux qui étaient afférents à la classe des Sciences physiques et mathématiques.

Prix fondés par l'État.

La Première classe reçut, par la loi du 15 germinal an IV, la mission de décerner tous les ans deux prix proposés alternativement par les Sections de Sciences mathématiques et par les Sections de Sciences physiques ou naturelles; la valeur de ces prix était fixée à *un kilogramme d'or*.

proposait la solution au moment de sa suppression. En les soumettant de nouveau à l'attention des travailleurs, la Première classe de l'Institut affirmait son respect pour les derniers actes qu'avait pu accomplir la Compagnie illustre à laquelle elle était appelée à succéder.

Dès la fondation de l'Institut, il avait été résolu que les prix proposés seraient décernés solennellement.

Le 5 vendémiaire an VI, les classes approuvaient à ce sujet le Règlement suivant :

Art. 1. — Conformément à l'article 28 du Règlement, les prix seront distribués dans la séance publique qui suivra immédiatement l'époque du jugement.

Art. 2. — Il sera écrit au nom de l'Institut national aux citoyens qui les auront remportés, pour les inviter à être présens à la séance, et il leur sera envoyé un nombre de billets pour être distribués à leurs parens et à leurs amis.

Art. 3. — Ils se placeront d'abord parmi les spectateurs, indistinctement, jusqu'au moment où ils seront appelés par le Président.

Art. 4. — Immédiatement après le compte rendu des trois Classes, le Président annoncera à l'assemblée qu'il va proclamer, au nom de l'Institut, les noms des citoyens qui ont remporté les prix, et il rappellera le sujet des prix.

Art. 5. — Ensuite il appellera à haute voix et successivement chacun de ceux qui ont obtenu le prix, en désignant l'ordre dans lequel ils l'auront obtenu ; l'agent de l'Institut ira les chercher dans les rangs des personnes qui assistent à la séance ; il les accompagnera jusqu'au bureau.

Art. 6. — Le Président leur remettra la médaille spécifiée par le programme, ainsi qu'un extrait du procès-verbal de la séance dans laquelle le prix leur aura été adjugé ; il leur donnera l'accolade, leur posera sur la tête une couronne de laurier et les invitera à prendre la place qui leur est destinée.

Art. 7. — L'agent de l'Institut les conduira à la place d'honneur, qui aura été préparée au centre de la salle et en face de la tribune de l'orateur.

Art. 8. — Lorsque tous ceux qui auront remporté des prix auront été ainsi appelés et placés, le Président les félicitera sur leurs succès.

Depuis longues années ce Règlement a cessé d'être en usage. Le prix Laplace, décerné depuis 1836 au premier élève sortant de l'École Polytechnique, est le seul que le lauréat reçoive des mains du Président.

En germinal an VIII, Bonaparte, alors Président, eut la pensée d'appeler l'attention des Académies étrangères sur les concours institués au sein de la Première classe de l'Institut.

La circulaire qui suit fut adressée, à cette occasion, aux Sociétés savantes qu'elle pouvait intéresser :

Nous vous adressons le programme des questions de Physique que l'Institut national propose aux savans de toutes les nations ; les prix qu'il doit décerner aux

1810. *Donner de la double réfraction que subit la lumière en traversant diverses substances cristallisées une théorie mathématique vérifiée par l'expérience.*

Malus (E.-L.). Prix..... 3000[fr]
Anonyme (Mémoire n° 1). Mention honorable.

1812. *Donner la théorie mathématique des lois de la propagation de la chaleur, et comparer le résultat de cette théorie à des expériences exactes.*

Fourier (J.-J.). Prix..... 3000[fr]

1814. *Donner la théorie mathématique des vibrations des surfaces élastiques et la comparer à l'expérience.*

Germain (Mlle Sophie). Mention honorable.
Le concours est prorogé.

1816. *Même question.*

Germain (Mlle Sophie). Prix..... 3000[fr]

1816. *La théorie de la propagation des ondes à la surface d'un fluide pesant d'une profondeur indéfinie.*

Cauchy (baron Augustin). Prix..... 3000[fr]

1816. *Application de l'Analyse mathématique à une question de Physique ou aux meilleures expériences de Physique.*

Brewster (David). Prix partagé..... 3000[fr]
Seebeck.

1819. *1° Déterminer par des expériences précises tous les effets de la diffraction des rayons lumineux directs et réfléchis, lorsqu'ils passent séparément, ou simultanément près des extrémités d'un ou de plusieurs corps, d'une étendue soit limitée, soit indéfinie, en ayant égard aux intervalles de ces corps, ainsi qu'à la distance du foyer lumineux d'où les rayons émanent.*
2° Conclure de ces expériences, par les inductions mathématiques, les mouvements des rayons dans leur passage près des corps.

Fresnel (Augustin). Prix..... 3000[fr]

1820. *Former par la seule théorie de la pesanteur universelle, et en n'empruntant des observations que les éléments arbitraires, des Tables du mouvement de la Lune, aussi précises que nos meilleures Tables actuelles.* (Prix doublé.)

Damoiseau (baron). Prix..... 3000[fr]
Carlini (F.) et Plana (baron). Prix..... 3000[fr]

1822. *Le prix sera décerné au meilleur Ouvrage ou Mémoire de Mathématiques pures ou appliquées, qui aura paru de 1820 à 1822.*

Œrstedt (C.), pour la découverte de l'action de la pile voltaïque sur l'aiguille aimantée. Prix..... 3000[fr]
Plana (baron). Mention honorable.
Fresnel (Aug.). »
Herschel (John-F.-William). »
Savart (F.). »

M. — *Prix.* 8

1846. *Perfectionner dans quelque point essentiel la théorie des fonctions abéliennes, ou plus généralement des transcendantes qui résultent de la
considération des intégrales de quantités algébriques.*

    Rosenhain (G.).   Prix.....   3000^{fr}
    Anonyme (Mémoire n° 1).   Mention honorable.

1846. *Perfectionner dans quelque point essentiel la théorie des perturbations
planétaires.*

    Hansen (P.-A.).   Prix.....   3000^{fr}

1856. *Trouver, pour un exposant entier quelconque n, les solutions en nombres
entiers et inégaux de l'équation*

$$x^n + y^n = z^n,$$

ou prouver qu'elle n'en a pas, quand n est > 2.

    La Commission, n'ayant reçu aucune pièce qui lui parût mériter le prix, l'a décerné
aux belles recherches de M. Kummer sur les nombres complexes composés de ra-
cines de l'unité et de nombres entiers.

    Kummer (E.-E.).   Prix.....   3000^{fr}

1858. *Établir rigoureusement la proposition de Legendre (voir Théorie des
nombres, t. II, p. 76 de l'édition de 1830) dans le cas où elle serait exacte,
ou, dans le cas contraire, montrer comment on doit la remplacer.*

    Dupré (Ath.).   Encouragement.....   1500^{fr}

1860. *Théorie des surfaces applicables.*

    Bour (Edm.).   Prix.....   3000^{fr}
    Bonnet (Ossian).   Mention honorable.
    Codazzi (D.).   »

1862. *Résumer, discuter et perfectionner en quelque point important les résultats obtenus jusqu'ici sur la théorie des courbes planes du quatrième
ordre.*

    Jonquières (E. de).   Médaille.....   2000^{fr}
    Poudra.   »   1000^{fr}

1863. *Reprendre l'examen comparatif des théories relatives aux phénomènes
capillaires.*

    Desains (Ed.).   Médaille.....   1000^{fr}
    Quet.   »   1000^{fr}

1864. *Donner une théorie rigoureuse et complète de la stabilité de l'équilibre
des corps flottants.*

    Reech (F.).   Encouragement.....   1500^{fr}
    Jordan (C.).   »   1500^{fr}

1807. Même question que ci-dessus.

    Saissy, de Lyon.   Seconde moitié du prix doublé..... 3000^{fr}

1809. *Quels sont les rapports qui existent entre les différents modes de phos-*
phorescence, etc.

    Dessaignes.   Prix..... 3000^{fr}
    Anonyme (Mémoire n° 3).   Mention honorable.

1813. *Rechercher s'il existe une circulation dans les animaux connus sous le*
nom d'Astéries, ou étoiles de mer, d'Echinus, oursins ou hérissons de mer,
et d'Holothurus, ou priapes de mer, etc.

    Tiedemann (Fr.).   Prix..... 3000^{fr}
    Anonyme (Mémoire n° 3).   Mention honorable.

1813. *Déterminer la chaleur spécifique des gaz, et particulièrement celle de*
l'oxygène, de l'azote et de quelques gaz composés, en la comparant à la
chaleur spécifique de l'eau, etc.

    Delaroche (François) et Bérard (J.-E.).   Prix..... 3000^{fr}
    Anonyme (Mémoire n° 2).   Mention honorable.

1818. *Déterminer : 1° la marche du thermomètre à mercure comparativement à*
la marche du thermomètre à air depuis 20° au-dessous de zéro jusqu'à
200° C.; 2° la loi du refroidissement dans le vide; 3° les lois du refroi-
dissement dans l'air, le gaz hydrogène et le gaz acide carbonique à
différents degrés de température et pour différents états de raréfaction.

    Petit et Dulong.   Prix..... 3000^{fr}

1821. *Donner une description comparative du cerveau dans les quatre classes*
d'animaux vertébrés et particulièrement dans les reptiles et les pois-
sons, etc.

    Serres (E.-R.-A.).   Prix...., 3000^{fr}
    Sommé.   Mention honorable.

1821. *Déterminer les changements chimiques qui s'opèrent dans les fruits*
pendant leur maturation et au delà de ce terme, etc.

    Bérard, correspondant de l'Académie.   Prix..... 3000^{fr}
    Anonyme (Mémoire n° 3).   Mention honorable.

1823. *Quelles sont les causes, soit chimiques, soit physiologiques de la chaleur*
animale, etc. ?

    Despretz (M.-C.).   Prix..... 3000^{fr}

1825. *Déterminer les phénomènes qui se succèdent dans les organes digestifs*
durant l'acte de la digestion.

    Leuret (François) et Lassaigne (Louis).   Mention honorable. 1500^{fr}
    Tiedemann et Gmelin ([1]).   »   ..... 1500^{fr}

([1]) MM. Tiedemann et Gmelin ont refusé la mention honorable qui leur était accordée.

1845. *Quelle est la succession des changements chimiques, physiques et orga-
niques qui ont lieu dans l'œuf pendant le développement du fœtus chez
les Oiseaux et les Batraciens ?*

BAUDRIMONT.
MARTIN SAINT-ANGE (G.-J.).   Prix partagé..... 3ooo^fr
SACC (de Neuchâtel).   Mention honorable.

1847. *L'étude des mouvements des corps reproducteurs ou spores des algues
zoosporées et des corps renfermés dans les anthéridies des cryptogames,
telles que charas, mousses, hépatiques et fucacées.*

THURET (Gustave).   Prix..... 3ooo^fr
DERBÈS et SOLIER.   » ..... 2ooo^fr

1849. *Détermination des quantités de chaleur dégagées dans les combinaisons
chimiques.*

FAVRE (P.-A.) et SILBERMANN (H.).   Indemnité..... 15oo^fr
ANDREWS (Thomas).   »   ..... 1ooo^fr
DAURIAC (M.) et SAHUQUÉ (Ad.).   »   ..... 5oo^fr

1853. *Développement des vers intestinaux.*

VAN BENEDEN (G.-J.).   Prix et impression du Mémoire..... 3ooo^fr
KUCHENMEISTER (Frédéric).   Encouragement..... 15oo^fr

1853. *Étudier les lois de la distribution des corps organisés fossiles dans les
différents terrains sédimentaires, suivant leur ordre de superposi-
tion, etc.*

GERVAIS (Paul).   Encouragement..... 15oo^fr
    La question est maintenue au concours.

1856. *Établir par une étude du développement de l'embryon dans deux espèces,
prises, l'une dans l'embranchement des Vertébrés, et l'autre soit dans
l'embranchement des Mollusques, soit dans celui des Articulés, des bases
pour l'Embryologie comparée.*

LEREBOULLET.   Prix..... 3ooo^fr

1856. *Étudier les lois de la distribution des corps organisés fossiles dans les
différents terrains sédimentaires, suivant leur ordre de superposi-
tion, etc.*

BRONN (H.-G.).   Prix..... 3ooo^fr

1857. *Étudier d'une manière rigoureuse et méthodique les métamorphoses et
la reproduction des infusoires proprement dits* (Polygastriques de M. Ehrenberg).

LIEBERKUHN (N.).
CLAPARÈDE (Ed.) et LACHMANN (J.).   Prix partagé..... 3ooo^fr

1862. *Anatomie comparée du système nerveux des Poissons.*

PHILIPEAUX (J.-M.) et VULPIAN (A.).   Encouragement.... 15oo^fr

rapport de Borda, se chargeait du jugement de ce concours et nommait, le
1er thermidor an VII, une Commission composée de Lagrange, Laplace,
Legendre, Cousin et Bossut pour juger les deux pièces qu'elle avait reçues.
Le 16 ventôse an IX, Lacroix succédait à Cousin, décédé, comme membre
de la Commission. Dans l'intervalle, une troisième pièce avait été adressée
au Secrétaire.

Nous ignorons la suite qui a pu être donnée à cette affaire, la décision de
la Classe n'étant pas insérée dans ses procès-verbaux, mais nous avons des
raisons de croire que le prix n'a pas été décerné; il ne figure d'ailleurs
sur aucun des programmes officiels qui ont été publiés, et les journaux de
l'époque sont muets à son égard.

Prix sur les sépultures, donné par l'État.

Le 1er vendémiaire an V, Legouvé, à l'une des séances publiques tenues
par l'Institut national, se plaignait « de l'indifférence qui laissoit le corps
d'un père, d'un parent, d'un ami, d'un citoyen, sortir seul de la maison où
il avoit vécu entouré de ses enfants, de ses amis; de l'apathie qui livroit ce
que l'on avoit possédé de plus cher à des hommes pour lesquels ces restes
précieux n'étoient qu'un importun fardeau qu'ils se hâtoient de précipiter
dans un hideux réceptacle ».

L'opinion publique avait recueilli ces plaintes, et l'Institut voulut donner
lui-même un exemple de son respect pour les funérailles en se réunissant
le 13 brumaire an VII pour honorer la sépulture de l'un de ses membres,
de Wailly.

Frappé des sentiments que cette manifestation avait fait naître, la Compagnie ne s'en tint pas là et chargea une Commission d'examiner ce qu'il conviendrait de faire relativement à ses membres ou aux dépôts communs dont
le soin intéressait l'État.

Deux Rapports lui furent présentés à ce sujet par Baudin (des Ardennes);
à la suite de ces Rapports, qui se trouvent imprimés dans le Tome II des
Mémoires de la Classe des Sciences morales et politiques, le Gouvernement,
par une lettre du 5 ventôse an VIII, offrait à l'Institut de proposer pour
sujet d'un prix à décerner dans sa séance publique du 15 vendémiaire an XI
la question suivante :

*Quelles sont les cérémonies à faire pour les funérailles, et le règlement à
adopter pour le lieu de la sépulture?*

Le prix était de *cinq hectogrammes d'or* (1500^{fr}).

fr

1808. Mathieu (C.-L.)	Prix	571
1809. Gauss (Fr.)	Prix	571
1810. Poisson (S.-D.)	Prix	571
1811. Oltmanns / Bessel (F.-W.)	Prix double	1142
1812. Lindenau (baron)	Prix	571
1813. D'Aussy	Prix	571
1814. Piazzi (G.)	Prix	571
1815. Mathieu (C.-L.)	Prix	571
1816. Bessel (F.-W.)	Prix	571
1817. Pond (John)	Prix	571
1818. Pons	Prix	571
1819. Nicollet / Encke (J.-F.)	Prix partagé	635
1820. Nicollet / Pons	Prix partagé	635
1823. Rumker / Gambart (J.-F.-A.)	Prix double	1270
1824. Damoiseau (baron)	Prix	635
1825. Herschel (John-F.-William) / South (James)	Prix partagé	635
1826. Sabine (capitaine)	Prix	635
1827. Pons / Gambart (J.-F.-A.)	Prix partagé	635
1828. Carlini / Plana	Prix partagé	635
1830. Gambart (J.-F.-A.) / Gambey (H.-P.) / Perrelet	Prix double	1270
1832. Gambart (J.-F.-A.) / Valz (B.)	Prix partagé	635
1833. Herschel (John-F.-William)	Prix	635
1834. Airy (G.-Biddell)	Prix	635
1835. Dunlop (James) / Boguslawski	Prix double	1270
1836. Beer / Mädler (de Berlin)	Prix partagé	635
1837. Guinand fils	Prix	635
1838. Brousseaud (colonel)	Prix	635
1839. Galle (de Berlin)	Prix	635
1840. Bremicker (de Berlin)	Prix	635
1842. Laugier (Ernest)	Prix	635
1843. Faye (H.) / Mauvais (F.-V.)	Prix partagé	635
1844. de Vico / d'Arrest	Prix partagé	635
1845. Hencke (de Driessen)	Prix	635
1846. Galle	Prix	635
1847. Hencke / Hind (John-R.)	Prix partagé	635

		fr
1867. Schiaparelli (J.-V.)	Prix	542
1868. Janssen (P.-J.-C.)	Prix	542
1869. Watson (James)	Prix	542
1870. Huggins (William)	Prix	542
1871. Borelly	Prix	542
1872. Henry (Paul) Henry (Prosper)	Prix partagé	542
1873. Coggia	Prix	542
1874. Mouchez (E.), capitaine de vaisseau	Prix	542
Bouquet de la Grye, ingénieur hydrographe	Prix	542
Fleuriais (Georges), capitaine de frégate	Prix	542
Tisserand (Félix)	Prix	542
André (Charles)	Prix	542
Héraud, ingénieur hydrographe	Prix	542
1875. Perrotin	Prix	542
1876. Palisa	Prix	542
1877. Hall (Asaph)	Prix	542
1878. Meunier (Stanislas)	Prix	542
1879. Peters (C.-H.-F.)	Prix	542
1880. Stone	Prix	540

Prix du galvanisme, fondé par le Premier Consul.

Paris, le 26 prairial an X.

J'ai intention, Citoyen Ministre, de fonder un prix consistant en une médaille de *trois mille francs* pour la meilleure expérience qui sera faite dans le cours de chaque année sur le fluide galvanique. A cet effet, les Mémoires qui détailleront les dites expériences seront envoyés, avant le 1er fructidor, à la Première classe de l'Institut national, qui devra, dans les jours complémentaires, adjuger le prix à l'auteur de l'expérience qui aura été la plus utile à la marche de la Science.

Je désire donner en encouragement une somme de *soixante mille francs* à celui qui, par ses expériences et ses découvertes, fera faire à l'électricité et au galvanisme un pas comparable à celui qu'ont fait faire à ces sciences Franklin et Volta, et ce, au jugement de la Classe.

Les étrangers de toutes les nations seront également admis au concours.

Faites, je vous prie, connaître ces dispositions au Président de la Première classe de l'Institut national, pour qu'elle donne à ces idées les développements qui lui paraîtront convenables, mon but spécial étant d'encourager et de fixer l'attention des physiciens sur cette partie de la Physique, qui est, à mon sens, le chemin des grandes découvertes.

BONAPARTE.

Le 12 messidor an X, la Classe répondait à cette proposition par la lettre suivante :

Prix décennaux fondés par Napoléon.

Les Prix décennaux ont été institués par deux décrets successifs des 24 fructidor an XII (11 septembre 1804) et 28 novembre 1809. Ces décrets sont ainsi conçus :

PREMIER DÉCRET.

Au palais d'Aix-la-Chapelle, le 24 fructidor an XII.

Napoléon, Empereur des Français, à tous ceux qui les présentes verront, salut ;

Étant dans l'intention d'encourager les sciences, les lettres et les arts, qui contribuent éminemment à l'illustration et à la gloire des nations ;

Désirant non seulement que la France conserve la supériorité qu'elle a acquise dans les sciences et dans les arts, mais encore que le siècle qui commence l'emporte sur ceux qui l'ont précédé ;

Voulant aussi connaître les hommes qui auront le plus participé à l'éclat des sciences, des lettres et des arts ;

Nous avons décrété et décrétons ce qui suit :

ART. 1. — Il y aura de dix ans en dix ans, le jour anniversaire du 18 brumaire, une distribution de grands prix donnés de notre propre main dans le lieu et avec la solennité qui seront ultérieurement réglés.

ART. 2. — Tous les Ouvrages de science, de littérature et d'art, toutes les inventions utiles, tous les établissements consacrés au progrès de l'agriculture et de l'industrie nationales, publiés, connus ou formés dans un intervalle de dix années dont le terme précédera d'un an l'époque de la distribution, concourront pour les grands prix.

ART. 3. — La première distribution des grands prix se fera le 18 brumaire an XVIII et conformément aux dispositions de l'article précédent ; le concours comprendra tous les Ouvrages, inventions ou établissements publiés ou connus depuis l'intervalle du 18 brumaire de l'an VII au 18 brumaire de l'an XVII.

ART. 4. — Les grands prix seront, les uns de la valeur de dix mille francs, les autres de la valeur de cinq mille francs.

ART. 5. — Les grands prix de la valeur de dix mille francs seront au nombre de neuf, et décernés : 1° aux auteurs des deux meilleurs Ouvrages de science, l'un pour les sciences physiques, l'autre pour les sciences mathématiques ;... 3° à l'inventeur de la machine la plus utile aux arts et aux manufactures ; 4° au fondateur de l'établissement le plus avantageux à l'agriculture ou à l'industrie nationale.

ART. 6. — Les grands prix de la valeur de cinq mille francs seront au nombre de treize, et décernés : 1° aux traducteurs des dix manuscrits de la Bibliothèque impériale, ou des autres bibliothèques publiques de Paris, écrits en langues anciennes ou en langues orientales, les plus utiles soit aux sciences, soit à l'histoire, soit aux belles-lettres, soit aux arts....

ART. 7. — Ces prix seront décernés sur le Rapport et la proposition d'un Jury com-

chacune des quatre Classes de l'Institut. Le Rapport du Jury, ainsi que le Procès-verbal de ses séances et de ses discussions, seront remis à notre Ministre de l'Intérieur, dans les six mois qui suivront la clôture du concours.

Le concours de la seconde époque sera fermé le 9 novembre 1818.

ART. 6. — Le Jury du présent concours pourra revoir son travail jusqu'au 15 février prochain, afin d'y ajouter tout ce qui peut être relatif aux nouveaux prix que nous venons d'instituer.

ART. 8. — Chaque Classe fera une critique raisonnée des Ouvrages qui ont balancé les suffrages, de ceux qui ont été jugés dignes d'approcher du prix, et qui ont reçu une mention spécialement honorable.

ART. 9. — Les critiques seront rendues publiques par la voie de l'impression....

ART. 10. — Notre Ministre de l'Intérieur nous soumettra, dans le cours du mois d'août suivant, un Rapport qui nous fera connaître le résultat des discussions.

ART. 11. — Un Décret impérial décernera les prix.

TITRE III. — *De la distribution des prix.*

ART. 12. — La première distribution des prix aura lieu le 9 novembre 1810, et la seconde distribution le 9 novembre 1819, jour anniversaire du 18 brumaire. Ces distributions se renouvelleront ensuite tous les dix ans, à la même époque de l'année.

ART. 13. — Elles seront faites par Nous, en notre palais des Tuileries, où seront appelés les Princes, nos Ministres et nos Grands officiers, des députations des Grands corps de l'État, le Grand maître et le Conseil de l'Université impériale, et l'Institut en corps.

ART. 14. — Les prix seront proclamés par notre Ministre de l'Intérieur; les auteurs qui les auront obtenus recevront de notre main les médailles qui en consacreront le souvenir.

ART. 15. — Notre Ministre de l'Intérieur est chargé de l'exécution du présent décret, qui sera inséré au *Bulletin des Lois.*

Dès la réception du premier des documents qu'on vient de lire, le Jury régulièrement constitué tint de nombreuses séances, à la suite desquelles il se préoccupa de recueillir les matériaux nécessaires à l'examen des Ouvrages sur la valeur desquels il allait être appelé à se prononcer.

Un programme, dont le Jury avait adopté la rédaction le 22 juillet 1808, fut transmis au Ministre Cretet et publié par ses soins; il était conçu dans les termes qui suivent :

Prix décennaux institués par S. M. l'Empereur et Roi.

Ce n'est pas ici le lieu de rappeler tout ce que l'auguste Chef de l'Empire français a fait depuis le commencement de son règne pour accélérer le progrès des lumières, honorer les talens, encourager les travaux utiles et exciter l'émulation dans tous les

M. — *Prix.*

avoir été oubliés ou négligés au concours, tout auteur d'un Ouvrage, d'une invention, d'un établissement qui, suivant le texte du Décret impérial, sera dans le cas de concourir à l'un des prix décennaux, est invité à envoyer une Note détaillée et explicative de ses titres au Secrétariat de l'Institut, adressée spécialement *au Jury des prix décennaux.*

Les concurrents sont invités en même temps à s'interdire toute sollicitation ou recommandation auprès des membres du Jury en particulier. Des démarches de ce genre prouveraient dans ceux qui se les permettraient aussi peu de confiance dans la bonté de leur cause que dans l'impartialité de leurs juges.

Le Décret du 28 novembre 1809 modifia sensiblement les conditions dans lesquelles les prix devaient être décernés.

Pour ce nouveau concours, deux cent soixante-quatorze Ouvrages furent inscrits et examinés; les opérations du Jury furent délicates et longues, et c'est seulement au mois d'octobre 1810 qu'elles purent prendre fin. Pour la première Classe de l'Institut, les décisions auxquelles elles donnèrent lieu furent les suivantes :

Premier grand prix de première classe, destiné au meilleur Ouvrage de Géométrie ou d'Analyse pure. — Commissaires : Laplace, Monge, Prony. — Rapport du 13 août 1810. — Lauréat proposé : Lagrange.

Second grand prix de première classe, destiné au meilleur Ouvrage dans les sciences soumises aux calculs rigoureux, comme l'Astronomie, la Mécanique. — Commissaires : Delambre, Burckhardt, Lacroix. — Rapport du 13 août 1810. — Lauréat proposé : Laplace.

Troisième grand prix de première classe, destiné au meilleur Ouvrage de Physique proprement dite, de Chimie, de Minéralogie, etc. — Commissaires : Lelièvre, Haüy, Vauquelin, Charles et Desfontaines. — Rapport du 20 août 1810. — Lauréat proposé : Berthollet.

Quatrième grand prix de première classe, destiné à l'auteur du meilleur Ouvrage sur la Médecine, l'Anatomie, etc. — Commissaires : Sabatier, Pelletan, Hallé. — Rapport du 1er octobre 1810. — Lauréat proposé : Cuvier.

Cinquième grand prix de première classe, destiné à l'inventeur de la machine la plus importante pour les arts et les manufactures. — Commissaires : Charles, Prony, Malus. — Rapport du 3 septembre 1810. — Lauréat proposé : Montgolfier.

Sixième grand prix de première classe, destiné au fondateur de l'établissement le plus avantageux à l'agriculture. — Commissaires : Thouin,

maladie connue sous le nom de *croup*, et la nature des altérations qui la constituent; les circonstances extérieures et intérieures qui en déterminent le développement; ses affinités avec d'autres maladies; en établir, d'après une expérience constante et comparée, le traitement le plus efficace; indiquer le moyen d'en arrêter les progrès et d'en prévenir l'invasion.

ART. 2. — Tous les médecins nationaux et étrangers sont appelés au concours proposé pour le traitement curatif et préservatif du *croup*....

ART. 6. — Tous les Mémoires destinés au concours devront être adressés au Ministre de l'Intérieur. Pour donner lieu à un renouvellement suffisant des circonstances qui peuvent favoriser les expériences et les observations, le concours ne sera fermé qu'au 1er janvier 1809. Ce terme passé, les Mémoires qui parviendraient ne seront point admis au concours.

ART. 7. — Une Commission spéciale sera chargée de faire un Rapport au Ministre sur les Ouvrages admis au concours. Cette Commission sera composée de douze membres, dont quatre seront pris dans la Classe des Sciences physiques et mathématiques de l'Institut, quatre parmi les professeurs de l'École de Médecine de Paris, qui ne feront point partie de l'Institut, et les quatre autres dans le corps des médecins de Paris.

ART. 8. — Il sera décerné un prix de *douze mille francs* au médecin auteur du meilleur Mémoire sur la nature du *croup* et sur les moyens de prévenir cette maladie ou d'assurer le succès de son traitement....

Le 25 juillet 1809, le Ministre informait l'Institut qu'il avait pris un arrêté par lequel le concours était prorogé au 31 du même mois. La Commission, composée de Des Essartz, Hallé, Pinel, Portal, membres de l'Institut, Corvisart, premier médecin de l'Empereur et Roi, Chaussier, Leroux, professeurs de la Faculté de Médecine, Lepreux, premier médecin de l'Hôtel-Dieu, Balleroy, Duchanoy, docteurs en Médecine, Royer-Collard, docteur en Médecine, inspecteur général de l'Université impériale, Thouret, doyen de la Faculté de Médecine, président, se réunit au palais de l'Institut pour la première fois le 3 août 1809. Le 23 du même mois, Thouret étant décédé, Lepreux fut nommé président.

Dans la séance du 15 mai 1811, la Commission adopta les conclusions d'un Rapport qui lui fut présenté par Royer-Collard.

Ces conclusions furent approuvées par une lettre ministérielle du 13 août.

LAURÉATS.

1811. JURINE, de Genève, correspondant de l'Institut..........	Prix partagé.......... 12000 fr	
ALBERT (Jean-Abraham), de Bremen..................		
VIEUSSEUX, de Genève............................	Mention honorable.	
CAILLAU (J.-M.), de Bordeaux................	»	
DOUBLE (F.-J.).................................	»	
ANONYME (Mémoire n° 17)	Citation.	

L'ACADÉMIE DES SCIENCES

(1816-1880).

Ici commence la dernière période, la plus importante sans contredit, de ce travail, que nous aurions voulu pouvoir présenter avec moins d'étendue. Napoléon disparait et avec lui l'Institut national des Sciences et des Arts. Louis XVIII lui succède et date du château des Tuileries, le 21 mars de l'an 1816, et de son règne le vingt et unième, dit-il, une ordonnance royale par laquelle il rétablit les quatre Académies et ajoute à celle des Sciences, à celle des Inscriptions et Belles-Lettres et à celle des Beaux-Arts, une Classe d'Académiciens libres.

Cette ordonnance n'apporte aucune modification au mode de distribution des prix fondés par l'État, mais elle présente assez d'intérêt pour que nous la reproduisions ici :

Louis, par la grâce de Dieu, roi de France et de Navarre, à tous ceux qui ces présentes verront, salut.

La protection que les rois nos aïeux ont constamment accordée aux sciences et aux lettres nous a toujours fait considérer avec un intérêt particulier les divers établissements qu'ils ont fondés pour honorer ceux qui les cultivent : aussi n'avons-nous pu voir sans douleur la chute de ces Académies qui avaient si puissamment contribué à la prospérité des lettres, et dont la fondation a été un titre de gloire pour nos augustes prédécesseurs. Depuis l'époque où elles ont été rétablies sous une dénomination nouvelle, nous avons vu avec une vive satisfaction la considération et la renommée que l'Institut a méritées en Europe. Aussitôt que la divine Providence nous a rappelé sur le trône de nos pères, notre intention a été de maintenir et de protéger cette savante Compagnie, mais nous avons jugé convenable de rendre à chacune de ses Classes son nom primitif, afin de rattacher leur gloire passée

Aʀт. 14. — L'Académie royale des Sciences conservera l'organisation et la distribution en sections de la première Classe de l'Institut.

Aʀт. 15. — L'Académie royale des Sciences est et demeure composée ainsi qu'il suit :

(Voir l'*Annuaire de l'Institut* de 1817.)

Aʀт. 16. — L'Académie royale des Beaux-Arts conservera l'organisation et la distribution en sections de la quatrième Classe de l'Institut.

Aʀт. 17. — L'Académie royale des Beaux-Arts est et demeure composée ainsi qu'il suit :

(Voir l'*Annuaire de l'Institut* de 1817.)

Aʀт. 18. — Il sera ajouté, tant à l'Académie royale des Inscriptions et Belles-Lettres qu'à l'Académie royale des Sciences, une Classe d'Académiciens libres, au nombre de dix pour chacune de ces deux Académies.

Aʀт. 19. — Les Académiciens libres n'auront d'autre indemnité que celle du droit de présence.

Ils jouiront des mêmes droits que les autres Académiciens et seront élus selon les formes accoutumées.

Aʀт. 20. — Les anciens Honoraires et Académiciens, tant de l'Académie royale des Sciences que de l'Académie royale des Inscriptions et Belles-Lettres, seront de droit Académiciens libres de l'Académie à laquelle ils ont appartenu.

Ces Académies feront les élections nécessaires pour compléter le nombre de dix Académiciens libres dans chacune d'elles.

Aʀт. 21. — L'Académie royale des Beaux-Arts aura également une Classe d'Académiciens libres, dont le nombre sera déterminé par un règlement particulier, sur la proposition de l'Académie elle-même.

Aʀт. 22. — Notre Ministre secrétaire d'État au département de l'Intérieur soumettra à notre approbation les modifications qui pourraient être jugées nécessaires dans les règlements de la seconde, de la troisième et de la quatrième Classe de l'Institut, pour adapter lesdits règlements à l'Académie royale des Inscriptions et Belles-Lettres, à l'Académie royale des Sciences et à l'Académie royale des Beaux-Arts.

Aʀт. 23. — Il sera, chaque année, alloué au budget de notre Ministre secrétaire d'État de l'Intérieur un fonds général et suffisant pour payer les traitements conservés et indemnités aux Membres, Secrétaires perpétuels et Employés des quatre Classes de l'Institut, ainsi que pour les divers travaux littéraires, les expériences, impressions, prix et autres objets.

Le fonds sera réparti entre chacune des quatre Académies qui composent l'Institut, selon la nature de leurs travaux, et de manière à ce que chacune d'elles ait la libre jouissance de ce qui sera assigné pour son service.

Aʀт. 24. — Tous les membres qui ont appartenu jusqu'à ce jour à l'une des quatre Classes de l'Institut conserveront la totalité de leur traitement.

Aʀт. 25. — Sont maintenus les décrets et règlements qui ne contiennent aucune disposition contraire à celles de la présente ordonnance.

Aʀт. 26. — Notre Ministre secrétaire d'État au département de l'Intérieur est chargé de l'exécution de la présente ordonnance.

grands développements. En résumé, la Commission déclarait, par l'organe de son rapporteur, qu'elle pensait que la publication d'un programme pour le travail du chanvre et du lin était désormais inutile, la machine inventée par M. Christian, directeur du Conservatoire des Arts et Métiers, réalisant parfaitement les vues exposées par le fondateur du prix proposé à l'Académie.

Cette conclusion fut adoptée dans la même séance.

Prix de Statistique fondé par un Anonyme (M. de Montyon).

Le 1er septembre 1817, un Anonyme proposait d'offrir un capital de *sept mille francs* pour la fondation d'un prix relatif à la Statistique. Le 8 du même mois, Fourier, au nom d'une Commission composée de Laplace, Lacépède, Maurice et Silvestre, proposait à l'Académie de prononcer l'acceptation de cette fondation, ce qui fut approuvé par une ordonnance royale du 22 octobre 1817.

Le 5 janvier 1818, l'Académie, à la suite d'un nouveau rapport de Fourier, faisait publier le programme suivant :

Parmi les Ouvrages publiés chaque année et qui auront pour objet une ou plusieurs questions relatives à la statistique de la France, celui qui, au jugement de l'Académie, contiendra les recherches les plus utiles, sera couronné dans la première séance publique de l'année suivante. On considère comme admis à ce concours les Mémoires envoyés en manuscrits et ceux qui auraient été imprimés et publiés dans le cours de l'année. Sont seuls exceptés les Ouvrages imprimés ou manuscrits des membres résidants de l'Académie.

Le prix, consistant en une médaille de la valeur de *cinq cent trente francs*, fut proposé, la première fois, pour l'année 1818. Il est aujourd'hui de *cinq cents francs*.

LAURÉATS.

1819. Moreau de Jonnès (A.)	Prix		530[fr]
Trouvé (baron)	Médaille de 300[fr] donnée par le Ministre.		
Quénot	Mention honorable.		
Cavoleau	»		
Massol	»		
1821. Delpon	Prix double		1060
Duplessis	Mention honorable.		
1822. Dupin (baron)	Prix partagé		530
Charpentier (J. de)			
1823. Deribier	»		530
Ravinet (Th.)			

1844. BOUTTEVILLE (DE) et PARCHAPPE............	Mention honorable.	
GOSSIN (Jules)............	»	
GAYMARD (Émile)............	»	
1845. BALLIN............	»	
1847. BOBIERRE et MORIDE............	} Prix partagé........	530
SCHNITZLER............		
WATTEVILLE (DE)............	Mention honorable.	
1848. FOURNEL............	Prix............	530
PATRIA (les auteurs de)............	Médaille............	360
MOREAU DE JONNÈS (A.)............	»	360
LEPAGE (H.) et CHARTON (Ch.)............	»	200
1849. MARTIN et FOLEY............	Prix............	530
WATTEVILLE (DE)............	Mention honorable.	
1850. BOUTRON-CHARLARD et HENRY (O.)............	Prix............	530
1851. MAUMENÉ (E.)............	{ Prix partagé........	530
WATTEVILLE (DE)............		
NEVEU-DEROTRIE (E.)............	Mention honorable.	
1852. SAY (Horace)............	Prix............	530
RONDOT............	Mention honorable.	
SAY (Léon)............	»	
GAYOT............	»	
BLONDEL............	»	
DAUMAS (général)............	»	
BLOCK (Maurice)............	»	
TALBOT et GUÉRAUD............	»	
PIERRE (J.-Is.)............	»	
MARCHAND (Eug.)............	»	
1853. HUBBARD (Gustave)............	Médaille............	300
LACHÈSE (Adolphe)............	»	200
BÉRIGNY (Ad.)............	Mention honorable.	
ROUBAUD (Dʳ)............	»	
CARBUCCIA (général J.-L.)............	»	
1854. DENAMIEL (Joseph)............	»	
GRAR (Ed.)............	»	
COMMISSION DE STATISTIQUE DU CANTON DE BENFELD (GUÉRIN, secrétaire-archiviste)............	»	
1855. LE PLAY............	Prix............	477
VICAT............	»	477
DEMAY (V.-P.)............	Mention honorable.	
GIRAUDET (Dʳ)............	»	
GRANGEZ (Ern.)............	»	
WATTEVILLE (DE)............	»	
1856. HUSSON (Arm.)............	Prix............	477
1858. ARONDEAU............	»	477
BÉRIGNY (Ad.)............	Mention honorable.	
1859. DUFFAUD (ingénieur)............	Prix............	477
REBOUL-DENEYROL............	Mention honorable.	
1860. GUERRY............	Prix............	477
HUSSON (Arm.)............	Mention honorable.	
FAYET............	»	

			fr
1875. Ricoux (René)	Mention honorable.	»	
Lecadre (Ad.)		»	
Trémeau de Rochebrune		»	
Anonyme		»	
1876. Bertillon (D^r.)		»	
Heuzé (G.)		»	
Delaunay (G.)		»	
1877. Yvernès (E.)	Prix		453
Loua (Toussaint)		»	453
Dislère	Mention honorable.		
Puech (Albert)		»	
1879. Borius (Dr A.)	Rappel de prix.		
Saint-Genis (de)	Prix		453
Le Bon (G.)	Encouragement		400
Bonnange (F.)	Mention honorable.		
1880. Ricoux (René)	Prix		500
Pamard (A.)	Mention honorable.		
Marvaud (A.)		»	

Prix fondé par M. Alhumbert.

Le 15 septembre 1817, l'Académie recevait communication d'un testament par lequel M. A.-J. Alhumbert, ministre du culte catholique, l'instituait légataire de *trois cents francs* de rente perpétuelle sur l'État pour fonder un prix « pour les progrès des sciences et arts ».

Une ordonnance royale du 6 novembre suivant autorisait l'acceptation de ce legs, dont la valeur devait former le fonds d'un prix à décerner alternativement par l'Académie des Sciences et par l'Académie des Beaux-Arts. Le 16 février 1818, M. Alhumbert n'ayant pas déterminé d'une manière précise la nature du prix qu'il avait entendu créer, l'Académie des Sciences, sur le rapport de Cuvier, décidait qu'il serait donné « à des Mémoires sur des questions particulières propres à compléter l'ensemble de nos connaissances ». En conséquence, elle proposait pour sujet du prix qu'elle devait décerner pour la première fois en 1819 la question suivante :

*Description anatomique des vers intestinaux connus sous les noms d'*Ascaris lumbricalis *et d'*Echinorhyncus gigas.

Dès l'année 1831, l'Académie, recevant peu de travaux pour le prix Alhumbert, prenait la résolution de cumuler les fonds annuels résultant du legs, jusqu'à ce qu'il se trouvât en caisse une somme assez considérable pour indemniser les auteurs des dépenses que leurs recherches pouvaient occasionner. Le prix Alhumbert fut ainsi élevé à *deux mille cinq cents francs.*

aussi, dès le 20 mai 1820, l'Académie recevait-elle une nouvelle Note du fondateur anonyme du prix de Physiologie.

Dans cette Note, l'auteur rappelait les trois fondations de prix qu'il avait faites jusque-là, Statistique, Physiologie et Mécanique, et, considérant que la Physiologie, ayant pour objet les lois de la nature vivante, est la base de la Médecine et de la Chirurgie, sciences qui ont tant d'influence sur le sort de l'homme, il désirait contribuer, autant qu'il était en son pouvoir, au développement des connaissances physiologiques, et, en conséquence, il proposait d'ajouter une somme de *sept mille francs* à pareille somme qu'il avait déjà donnée pour le même objet.

Ce complément de fondation fut approuvé par Ordonnance royale du 5 juillet 1820, et l'Académie proposa, pour l'année 1821, un prix de Physiologie expérimentale, dont la valeur était portée à *huit cent quatre-vingt-quinze francs*.

Il est aujourd'hui de *sept cent soixante francs*.

LAURÉATS.

		fr
1820. Serres (E.-R.-A.)	Prix	440
Edwards (Henri-Milne)	Prix	440
Breschet (G.) et Villermé (L.-R.)	Accessit.	
Bourdon (Isidore)	Mention honorable.	
1821. Dutrochet (R.-J.-H.) Edwards (Henri-Milne)	Prix partagé	440
Tiedemann et Gmelin	Accessit.	
Magendie (Fr.)	Mention honorable.	
Desmoulins (A.)	Encouragement.	
1822. Cloquet (Jules) Desmoulins (A.)	Prix partagé à titre d'encouragement	895
1823. Fodera (Michel) Flourens (M.-J.-P.)	Prix partagé à titre d'encouragement	895
1824. Flourens (M.-J.-P.) Prévost et Dumas (J.-B.) Strauss	Prix partagé	895
Gaspard (B.)	Mention honorable.	
1825. Chossat (Ch.)	Prix	895
1826. Brachet (de Lyon)	Encouragement	895
1827. Brongniart (Adolphe)	Prix	895
1828. Dutrochet (R.-J.-H.) Audouin et Edwards (Henri-Milne)	Prix partagé.	895
1829. Lippi (Régulus)	Prix	895
Poiseuille	Médaille.	500
Dufour (Léon)	Mention honorable.	
Vimont	»	
Velpeau (A.-L.-M.)	»	
Rousseau (Emm.)	»	

M. — *Prix.*

fr

1846. Sappey (C.)	Mention honorable.	
Coste (V.)	»	
1847. Brown-Séquard (E.)	»	
1848. Bernard (Claude)	Prix	895
1849-1850. Stannius	Mention honorable.	
Hollard (H.)	»	
1851. Bernard (Claude)	Prix	895
Brown-Séquard (E.)	Mention honorable.	
Dufour (Léon)	»	
Jobert (de Lamballe)	»	
1852. Budge et Waller (A.)	Prix	1863
1853. Bernard (Claude)	»	805
1854. Davaine (C.)	»	805
1855. Brown-Séquard (E.)	»	805
1856. Waller (Aug.)	»	2000
Davaine (C.)	Récompense	1500
Fabre	»	1000
1857. Muller (Aug.)	Prix	805
Brown-Séquard (E.)	»	805
Philipeaux (J.-M.)	Mention honorable.	
Lespès (Charles)	»	
1858. Jacubowitsch (N.)	Premier prix	1000
Lenhossek (Jos. de)	Prix partagé	805
Lacaze-Duthiers (de)		
Colin (G.)	Mention honorable.	
Marey (E.-J.)	»	
Calliburcès	»	
1859. Pasteur (Louis)	Prix	805
Ollier (L.-X.-E.-L.)	Mention honorable.	
1860. Stilling (B.)	Prix	805
Philipeaux (J.-M.) et Vulpian (A.)	Mention honorable.	
Faivre (E.)	»	
1861. Hyrtl	Prix partagé	805
Kuhne		
Chauveau (J.-B.-A.)	Mention honorable.	
Colin (G.)	»	
1862. Balbiani	Prix	1800
Chauveau (J.-B.-A.) et Marey (E.-J.)	»	1200
1863. Moreau (Ar.)	Premier prix	1200
Vulpian (A.) et Philipeaux (J.-M.)	Deuxième prix	805
Bataille	Mention honorable.	
1864. Balbiani	Prix	1000
Gerbe (Z.)	»	1000
Sappey (C.)	Encouragement	500
Knoch (J.)	Mention honorable.	
Dufour (Léon)	Impression du Mémoire.	
1865. Bert (Paul)	Prix	805
Reveil (O)	Impression du Mémoire et mention très honorable.	

L'Académie prononça l'acceptation provisoire de cette donation dans la même séance ; elle fut autorisée à l'accepter d'une manière définitive par une Ordonnance royale du 29 septembre 1819.

Le prix, proposé la première fois pour l'année 1821, ne fut décerné qu'en 1824.

Sa valeur actuelle est de *sept cents francs*.

LAURÉATS.

		fr
1824. Burel (A.)	Médaille	500
Athenas (P.)	»	500
Culiat (Ant.)	»	500
1825. Poncelet (Jean-Victor)	Prix doublé	1000
1829. Thilorier (A.)	Prix triplé	1500
Colladon (D.)	Mention honorable.	
1830. Thilorier (A.)	Médaille	700
Babinet (Jacques)	»	300
1832. Thilorier (A.)	Médaille et encouragement.	300
Pixii fils	Médaille et encouragement.	300
1833. Galy-Cazalat	Médaille et mention honorable.	500
Coignet	Médaille et mention honorable.	500
1834. Grangé (J.-J.)	Médaille	900
Raucourt (colonel)	Mention honorable.	
Cagniard-Latour	»	
Grouvelle et Honoré	»	
1835. Raucourt (colonel)	Prix	500
1836. Morin (capitaine Arthur)	Prix partagé	250
Ernst (R.)	»	125
Sorel	»	125
1838. Caligny (Anatole de)	Prix	500
1839. Arnoux	»	3000
1841. Carville (C.)	»	500
1843. Girard	»	1076
Cavé	Mention honorable.	
Meyer et Charbonnier	»	
Letestu	»	
1845. Pecqueur	Premier prix	600
Cordier	Deuxième prix	400
1849-1850. Lesbros (colonel)	Prix	1800
Maurel (T.) et Jayet	»	1000
1852. Triger	»	500
1853. Franchot (Ch.-L.-F.)	»	2665
1855. Boileau (P.-P.)	»	450
1859. Giffard (Henry)	»	450
1866. Tresca (Henri-Édouard)	»	1000

Prix de Médecine et Chirurgie et prix des Arts insalubres
fondés par M. de Montyon.

Dans sa séance du 23 avril 1821, l'Académie des Sciences recevait communication du testament de M. Antoine-Jean-Baptiste-Robert Auget, baron de Montyon, né à Paris le 23 décembre 1733, mort à Paris le 29 décembre 1820, conseiller d'État avant la Révolution, successivement intendant de l'Auvergne et de la Provence.

Nous extrayons de ce testament les clauses suivantes :

Je veux être enterré le plus simplement possible.... 3° J'institue ma légataire universelle de tous mes biens, meubles et immeubles, de quelque nature qu'ils soient et en quelque pays qu'ils soient situés, présents et à venir, et en y comprenant les actions à exercer pour le recouvrement de mes droits, Mlle Robertine de Balivière, ma filleule, à la charge d'acquitter mes dettes et toutes les dispositions portées au présent testament....

11° Je veux qu'il soit employé une somme de 2400^{fr} à 3000^{fr} pour faire une statue en marbre formant un buste de Madame Élisabeth de France, avec cette inscription : *A la vertu*. Ce buste sera placé dans un lieu où il pourra être vu de beaucoup de personnes, s'il est possible à la porte de l'église Notre-Dame, à Paris. Je ne me rappelle pas si j'ai jamais eu l'honneur de parler à cette princesse ; mais je désire lui payer ici un tribut de respect et d'admiration.

12° Je lègue une somme de *dix mille francs* pour fournir un prix annuel à celui qui découvrira des moyens de rendre quelque art mécanique moins malsain.

13° Pareille somme de *dix mille francs* pour prix annuel en faveur de qui aura trouvé dans l'année un moyen de perfectionnement de la science médicale ou de l'art chirurgical.

14° Pareille somme de *dix mille francs* pour prix annuel en faveur d'un Français pauvre qui aura fait, dans l'année, l'action la plus vertueuse.

15° Pareille somme de *dix mille francs* en faveur du Français qui aura composé et fait paraître le Livre le plus utile aux mœurs.

Pour les articles précédents, 12 et 13, les prix seront distribués par l'Académie des Sciences ; pour les articles derniers, 14 et 15, par l'Académie française.

16° Je lègue à chacun des hospices du département de Paris une somme de dix mille francs, pour être distribuée en gratifications ou secours à donner aux pauvres qui sortiront de ces hospices et qui auront le plus besoin de secours. Comme il y a douze départements, cette disposition est un objet de cent vingt mille francs. La disposition sera faite par les administrateurs des hospices.

17° Je veux que les legs portés aux articles précédents, 12, 13, 14, 15, 16, ce dernier pour chacun des hospices de Paris, soient doublés, triplés et même quadruplés, en sorte qu'un legs porté à dix mille francs soit porté à quarante mille francs, le doublement de tous ces legs précédant le triplement d'aucun d'eux, et le triplement

et plus d'importance qu'ils n'en avaient eus jusque-là, l'Académie décidait qu'elle soumettrait à l'approbation du Gouvernement un règlement dont nous reproduisons les dispositions principales :

ART. 1. — Les prix fondés par M. de Montyon, et qui, selon les expressions mêmes du testateur, ont pour but le perfectionnement de la science médicale ou de l'art chirurgical et les moyens de rendre un art mécanique moins malsain, seront décernés tant aux découvertes ou perfectionnements dont l'Académie aurait eu connaissance qu'aux meilleurs résultats des recherches entreprises d'après les questions qu'elle aurait proposées, en se conformant expressément aux vues du fondateur.

ART. 5. — Les pièces admises au concours n'auront droit aux prix qu'autant qu'elles contiendront une découverte parfaitement déterminée. Si la pièce a été présentée par l'auteur, il devra indiquer la partie de son travail où cette découverte se trouve exprimée. Dans tous les cas, la Commission chargée de l'examen du concours fera connaître que c'est à la découverte dont il s'agit que le prix est donné.

ART. 6. — Le jugement du concours devant donner lieu à des expériences, des constructions de machines ou appareils, des acquisitions des Ouvrages nouveaux, et à diverses publications et dépenses accessoires, le montant desdites dépenses sera prélevé sur la somme disponible chaque année et affectée aux prix.

ART. 7. — Les sommes qui demeureraient disponibles à la fin de chaque exercice, parce qu'il n'en aurait pas été fait emploi, en exécution des articles précédents, seront ajoutées au fonds de l'année suivante, pour être affectées, avec l'approbation préalable du Ministre de l'Intérieur, aux publications ordonnées par l'Académie, aux frais accessoires de transcriptions ou autres dépenses analogues à celles qui sont mentionnées en l'article 6, enfin à des exprériences et travaux propres à éclairer les sciences ou les arts dont le testateur a voulu encourager les progrès.

Une Ordonnance royale du 23 août 1829 approuva ces dispositions nouvelles. Aujourd'hui l'Académie propose, chaque année, conformément à une décision en date du 15 juin 1857, trois prix de *deux mille cinq cents francs* chacun et trois mentions honorables de *quinze cents francs;* elle accorde aussi, quand elle le juge conforme aux intérêts de la Science, des citations honorables dont le nombre et la valeur sont indéterminés. Ces citations permettent aux concurrents de poursuivre avec plus de facilité les expériences qu'ils projettent.

On voit, par ce qui précède, combien nous avions de raisons d'appeler l'attention sur les immenses services rendus par M. de Montyon aux sciences et à ceux qui s'adonnent à leur culture.

Il conviendrait peut-être, cependant, d'ajouter encore à toutes les fondations dont l'Académie lui est redevable et dont nous avons présenté l'historique, celle d'un prix qu'il aurait destiné à *l'invention d'instruments propres à suppléer la main-d'œuvre des nègres;* mais il n'existe, soit dans les procès-verbaux de l'Académie, soit dans ses titres de propriété, soit dans ses ar-

livrer. Ces recherches avaient été négatives pour ce qui concernait la fondation du mois d'août 1792.

Le même jour, M. de Montyon adressait directement à l'Académie la lettre qu'on va lire :

A Monsieur le Secrétaire de l'Académie des Sciences.

Monsieur,

J'ai fait avant la Révolution des fondations en faveur de divers établissements pour des objets d'utilité publique.

Ces fondations ont consisté dans des sommes qui ont été placées sur l'État, et dont les arrérages ont servi à des prix et autres distributions, adjugées annuellement par les établissements à qui ces sommes ont été données. La Révolution et les convulsions qu'elle a entraînées ont fait disparaître ces fondations.

Je ne réclame point les sommes que j'ai données, je demande que ces fondations soient rétablies, et je me suis adressé, à ce sujet, à Son Excellence le Ministre de l'Intérieur.

Je viens d'apprendre que Son Excellence a demandé à votre Académie des renseignements sur celles de ces fondations qui la concernent.

L'existence de ces fondations est certaine. Mais, ayant perdu par les suites de mon émigration presque tous mes papiers ainsi que mes biens, je ne puis donner des renseignements détaillés sur la manière dont ont été faits les placements et j'en connais seulement la date, l'objet et le montant des sommes, mais je me rappelle que, parmi ces fondations, il en est dont les fonds ont été placés à rentes perpétuelles, d'autres en rentes viagères sur la tête du Roi ou de M. le Dauphin.

Si les fondations faites en faveur de votre Académie sont dans cette dernière classe, le décès des augustes personnes sur la tête desquelles la rente est placée n'en peut opérer l'extinction, le décès étant le fait du débiteur; cette question ne serait pas douteuse s'il ne s'agissait que de particuliers, et elle ne peut être décidée différemment quand il s'agit de la nation. Au contraire, la continuation de la rente est encore plus nécessaire et plus constante par des principes d'équité publique et d'honneur national.

Comme je ne réclame rien pour moi personnellement, c'est à vous, ce me semble, Monsieur, deffenseur des intérêts de votre corps, à faire valoir cette considération qui doit faire impression sur un ministère respectable, pénétré de sentiments nobles et digne d'être l'interprète des hautes pensées de Sa Majesté.

Je suis avec considération, Monsieur, votre très humble et très obéissant serviteur.

De Montyon.

Paris, le 8 mai 1819.

Mon adresse est : le baron de Montyon, rue de l'Université, n° 23.

Cette affaire en resta là, et l'Académie ne crut pas qu'il lui fût possible de suivre M. de Montyon dans la voie où il voulait l'engager.

l'autorisation de faire transporter les restes de M. de Montyon du cimetière de l'Ouest à l'Hôtel-Dieu de Paris. Cette translation effectuée, une cérémonie religieuse réunissait, le 25 avril, dans l'église Saint-Julien-le-Pauvre, l'Académie des Sciences, l'Académie française, l'Administration des hospices, un nombre considérable d'admirateurs de M. de Montyon et un nombre plus grand encore de ceux qu'il avait aimés et secourus.

A la suite de cette cérémonie, les restes du grand philanthrope étaient inhumés sous le péristyle de l'Hôtel-Dieu, au pied même de la statue élevée à sa mémoire. D'éloquents discours furent prononcés à cette occasion : M. le comte de Rambuteau, préfet de la Seine, prit la parole au nom de la ville de Paris et du Conseil général des hospices, M. de Barante au nom de l'Académie française, et M. A.-C. Becquerel au nom de l'Académie des Sciences.

La statue de Montyon, due au ciseau du baron Bosio, porte, sur son piédestal, une inscription ainsi conçue :

A LA MÉMOIRE
D'ANTOINE-JEAN-BAPTISTE-ROBERT AUGET DE MONTYON
BARON DE MONTYON
CONSEILLER D'ÉTAT
DONT L'INÉPUISABLE BIENFAISANCE
ET L'INGÉNIEUSE CHARITÉ
ONT ASSURÉ
APRÈS SA MORT COMME DURANT SA VIE
DES ENCOURAGEMENS AUX SCIENCES
DES RÉCOMPENSES AUX ACTIONS VERTUEUSES
DES SOULAGEMENS A TOUTES LES MISÈRES HUMAINES
NÉ LE 23 DÉCEMBRE 1733, MORT LE 29 DÉCEMBRE 1820

La démolition de l'ancien Hôtel-Dieu ayant été ordonnée, à la suite de la construction des bâtiments actuellement existants, les restes de M. de Montyon ont été provisoirement transportés, en juillet 1877, dans l'église Saint-Julien-le-Pauvre, où nous avons pu les voir au mois d'avril 1880. La plaque de cuivre gravée qui a été placée sur le cercueil porte encore, dans un parfait état de conservation, l'inscription suivante :

CE CERCUEIL
RENFERME LES RESTES DE ANTOINE-JEAN-BAPTISTE-ROBERT AUGET
BARON DE MONTYON
DÉCÉDÉ A PARIS LE 29 DÉCEMBRE 1820
EXHUMÉS DU CIMETIÈRE DE L'OUEST LE 25 AVRIL 1838
ET DÉPOSÉS LE LENDEMAIN A L'HOTEL-DIEU
AU PIED DE SA STATUE
PAR LES SOINS DU CONSEIL GÉNÉRAL DES HOSPICES DE PARIS
DE L'ACADÉMIE FRANÇAISE ET DE L'ACADÉMIE ROYALE DES SCIENCES
SES LÉGATAIRES

			fr
1832.	Rousseau (Emmanuel)	Récompense	1500
	Lecanu	»	1500
	Parent du Chatelet	»	1500
	Manec	»	4000
	Bennati	»	2000
	Deleau jeune	»	4000
	Mérat (F.-V.)	»	1500
	Villermé	»	1500
	Leroux	»	2000
1833.	Forget	Ecouragement	2000
	Colombat (de l'Isère)	»	5000
	Baudelocque neveu	»	2000
	Pinel (Scipion)	»	1500
	Heurteloup (baron)	Prix	6000
	Jacobson (de Copenhague)	Encouragement	4000
	Sirhenry	»	2000
	Annesley	Médaille	1000
	Marcus	»	1000
	Jachnichen	»	1000
	Dieffenbach	»	1000
	Marcin-Kowski	»	1000
	Gaymard	»	1000
	Gérardin	»	1000
	Foy	»	1000
	Brière de Boismont	»	1000
	Bouillaud (Jean)	»	1000
	Fabre	»	1000
	Guérin (Jules)	»	1000
	Rayer	»	1000
	Scoutetten	»	1000
	Lassis	»	1000
1834.	Gensoul	Récompense	5000
	Bousquet	»	3000
	Mayor	»	3000
	Souberbielle	»	2000
	Ségalas	»	2000
	Nicod (A.)	»	2000
	Costallat	Encouragement	1500
	Gannal père	Indemnité	1500
	James (Constantin)	»	1000
	Hatin (Félix)	Mention honorable.	
	Philips (Benjamin)	»	
	Serre (d'Alais)	»	
	Pinel (Scipion)	»	
	Ricord (Ph.)	»	
1835.	Mérat (F.-V.) et Delens	Récompense	3000
	Réveillé-Parise	»	1500
	Fabre et Constant	»	3000
	Humbert	»	3000
	Montault	Encouragement	1000

		fr
1842. Boyer (Philippe)	Mention honorable.	
1843. Piorry (P.-A.)	Récompense	1500
Trousseau (A.) et Belloc	»	1500
Barthez et Rilliet	»	1200
Poiseuille (L.)	»	700
Lacauchie	»	700
Cazenave	»	500
Tardieu (Ambroise)	»	500
Denis (de Commercy)	Encouragement	500
Reybard	»	500
Poumet (J.)	Indemnité	500
Rognetta et Fournier-Deschamps	Mention honorable.	
Foullioy (L.-M.)	»	
Foville	»	
1844. Amussat (J.-Z.)	Récompense	1500
Bonnet	»	1200
Becquerel (Alfred) et Rodier (A.)	Encouragement	600
Réveillé-Parise	»	500
Morel-Lavallée	»	500
Donné (Al.)	Mention honorable.	
Clias	»	
1845. Guillon (F.-G.)	Encouragement	2000
Brière de Boismont	»	1500
Boyer (L.)	»	1500
Morel-Lavallée	»	500
Maisonneuve	Indemnité	500
1846. Lebert (H.)	Récompense	1800
Roussel (Théophile)	»	1500
Pravaz (Ch.)	»	1500
Roger (H.)	»	1200
Bourguignon	»	1200
Moreau (de Tours)	Mention honorable.	
Colson	»	
1847-1848. Jackson	Prix	2500
Morton	»	2500
Porta	Récompense	2000
Bibra et Gheist	Encouragement	1000
Mandl (Louis)	»	1000
Becquerel (Alfred) et Rodier (A.)	»	1000
Landouzy (H.)	»	1000
Larroque (B. de)	»	1000
Legendre	Mention honorable.	
Bourdon (Isidore)	»	
Audouard	»	
Blandet	»	
Bois de Loury et Chevallier (A.)	»	
Renouard	Citation.	
1849. Jobert (de Lamballe)	Prix	2500
Guillon (F.-G.)	Encouragement	1000
Martin (Ferdinand)	»	1000

M. — *Prix.* 14

		fr
1853. Huss (Magnus)	Récompense	2000
Morel	»	2000
Sestier	»	2000
Abeille	»	2000
Bouchut (E.)	»	1000
Willemin (A.)	»	1000
Vidal (de Cassis)	»	2000
Gubler (A.)	»	1000
Bassereau (Léon)	»	1000
Giraldès (J.)	»	1500
Gosselin (A.-L.)	»	1000
Guibourt	»	2000
Réveillé-Parise	»	1000
Fontan (A.)	»	1000
1854. Briquet	»	2000
Trousseau (A.)	»	2000
Robin (Charles)	»	2000
Boeck (W.) et Danielssen	»	2000
Berthelot (M.)	»	2000
Schiff (M.)	»	2000
Blanchard (Ém.)	»	2000
Aran (F.-A.)	»	1500
Gratiolet (Pierre)	»	1500
Bourguignon et Delafond	Encouragement.	
Roux (L.)	»	
Giraldès (J.) et Goubaux (A.)	»	
Gosselin (A.-L.)	»	
Morel-Lavallée	»	
Perdrigeon du Vernier (J.)	»	
Philipeaux (J.-M.) et Vulpian (A.)	»	
Flandin (Ch.)	»	
Broca (Paul)	»	
Verneuil	»	
Chevallier (A.)	»	
Triquet (E.)	»	
Loir (J.-N.)	»	
1855. Hannover (Ad.)	Récompense	1500
Lehmann	»	1500
Bouquet (J.-P.)	»	1500
Beau	»	1500
Corvisart (L.)	»	1500
Béraud	»	1500
Cazeaux (P.)	»	1000
Dareste (Camille)	»	1000
Tardieu (Ambroise)	»	1000
Foissac	»	1000
1856. Simpson	Prix	2000
Malgaigne	»	2000
Guérin (Jules)	»	2000
Stilling	Récompense	1200

		fr
1859. LUSCHKA (Hubert)	Mention honorable ...	1500
LEGENDRE (E.)	»	1500
MARCÉ	»	1500
BÉRAUD	Citation honorable.	
HILLAIRET	»	
LARCHER (J.-F.)	»	
MARC-D'ESPINE	»	
PIORRY (P.-A.)	»	
POISEUILLE (L.) et LEFORT (J.)	»	
ROBIN (Charles)	»	
SAPPEY (C.)	»	
TILLAUX (Paul)	»	
SCHNEFF	»	
PIETRA-SANTA (Pr. DE)	»	
JUNOD (Dr T.)	»	
1860. DAVAINE (C.)	Prix	2500
BERGERON (J.)	»	2000
MAINGAULT (A.)	»	2000
TURK (Louis)	Mention honorable....	1200
CZERMACK (Jean)	»	1200
MAREY (E.-J.)	»	1200
DEMARQUAY (J.-N.)	Citation honorable.	
RAIMBERT	»	
VELLA (L.)	»	
JACQUART (H.)	»	
MIGNOT	»	
ROBIN (Charles)	»	
PAUL (Constantin)	»	
MANDL (Louis)	»	
1861. LALLEMAND (Ludger), PERRIN (Maurice) et DUROY	Prix	2500
HASPEL	Mention honorable et encouragement.	1500
DUTROULEAU	»	1500
ROUIS	»	1500
ROGER (H.)	»	1200
HUGUIER	»	1200
LABOULBÈNE	Encouragement	1000
COSTALLAT	Citation honorable.	
LANDOUZY	»	
LUYS (Jules)	»	
BILLOD (E.)	»	
LARCHER (J.-F.)	»	
ROBIN (Charles)	»	
1862. CRUVEILHIER	Prix	2500
LEBERT (H.)	»	2000
FRERICHS	»	2000
LARCHER (J.-F.)	Mention honorable....	1500
COHN	»	1500
DOLBEAU	»	800
LUYS (Jules)	»	800

fr

1866.	Polaillon	Citation honorable.
	Demarquay (J.-N.)	»
	Labordette (A. de)	»
1867.	Chauveau (J.-B.-A.)	Prix 2500
	Courty	» 2500
	Lancereaux (E.)	» 2500
	Schultze (Max.)	Mention honorable 1500
	Hérard et Cornil	» 1500
	Foissac	» 1500
	Villemin (J.-A.)	Citation honorable.
	Bergeron (G.)	»
	Bouchard	»
	Prévost (J.-L.) et Cottard (J.)	»
	Estor et Saintpierre (C.)	»
	Ordonez	»
	Commenge (O.)	»
1868.	Villemin (J.-A.)	Prix 2500
	Feltz (V.)	Mention honorable 1500
	Flint (A.)	» 1500
	Raciborski (A.)	» 1500
	Larcher (J.-F.)	Citation honorable.
	Goubaux (Arm.)	»
	Jaccoud	»
	Grandry	»
	Susini	»
	Cabadé	»
	Hayem (Georges)	»
	Colin (G.)	»
	Gréhant (N.)	»
	Labordette	»
1869.	Junod (Dr T.)	Prix 2500
	Paulet et Sarazin	» 2500
	Luschka	» 2500
	Knoch (J.)	Mention honorable 1500
	Maurin (Am.)	» 1500
	Roger (H.)	» 1500
	Roudanowski (Pierre)	Citation honorable.
	Blache	»
	Saint-Cyr (F. de)	»
1870.	Gréhant (N.)	Prix 2500
	Blondlot (de Nancy)	» 2500
	Bérenger-Féraud	Mention honorable 1500
	Duclout (L.)	» 1500
	Colin (Léon)	» 1500
	Raimbert (L.-A.)	Citation honorable.
	Bucquoy	»
	Hayem (Georges)	»
	Krishaber (M.) et Peter (M.)	»
1871.	Lancereaux (E.) et Lackerbauer	Prix 2500
	Chassagny	» 2500

1874.	Martin (Toussaint)	Citation honorable.	
	Salle (J.-B.-V.)	»	
1875.	Guérin (Alphonse)	Prix	2500
	Legouest	»	2500
	Magitot	»	2500
	Berrier-Fontaine	Mention honorable	1500
	Pauly (Ch.)	»	1500
	Veyssière	»	1500
	Budin (P.) et Coyne (P.)	Citation honorable.	
	Cézard (St.)	»	
	Saint-Cyr (F. de)	»	
	Herrgott (F.-J.)	»	
	Luton	»	
	Morache (G.)	»	
	Ollivier (A.)	»	
	Raimbert (L.-A.)	»	
1876.	Feltz (V.) et Ritter (E.)	Prix	2500
	Paquelin (C.)	»	2500
	Perrin	»	2500
	Mayençon et Bergeret	Mention honorable	1500
	Mayet	»	1500
	Sanson (André)	»	1500
	Farabeuf	Citation honorable.	
	Franck (François)	»	
	Gayon (U.)	»	
	Badal (J.-A.)	»	
	Baréty	»	
	Brochard (Dʳ)	»	
	Jolly	»	
	Labbé (Léon) et Coyne (Paul)	»	
	Laveran (A.)	»	
	Leclerc	»	
	Poincaré (Léon)	»	
	Poncet (F.)	»	
1877.	Hannover (Ad.)	Prix	2500
	Parrot (J.)	»	2500
	Picot (J.)	»	2500
	Topinard (P.)	Mention honorable	1500
	Lasègue et Regnault	»	1500
	Delpech et Hillairet		
	Franck (François)	»	1500
	Oré		
	Burq (V.)	Citation honorable.	
	Mégnin (J.-P.)	»	
	Armingaud	»	
	Brouardel (P.)	»	
	Couty (Louis)	»	
	Desprès (Armand)	»	
	Lecomte	»	
	Peyraud (H.)	»	

en 1832, de *déterminer, par une série de faits et d'observations authentiques, quels sont les avantages et les inconvénients des moyens mécaniques et gymnastiques appliqués à la cure des difformités du système osseux.*

Le concours fut prorogé de 1832 à 1834, puis à 1836, et le prix, sur le rapport de Double, fut décerné dans la séance publique du 21 août 1837.

En 1830 également, l'Académie proposait, pour sujet d'un *grand prix de Médecine*, à décerner en 1832, la question dont l'énoncé suit :

Déterminer quelles sont les altérations physiques et chimiques des organes et des fluides dans les maladies désignées sous le nom de fièvres continues.

Quels sont les rapports qui existent entre les symptômes de ces maladies et les altérations observées?

Insister sur les vues thérapeutiques qui se déduisent de ces rapports.

Le prix ne fut point décerné, mais l'importance de la question proposée décida l'Académie à la diviser en deux questions distinctes et à en former le sujet de deux prix à décerner en 1834.

Ces deux questions étaient rédigées de la manière suivante :

Question de Médecine. — *Déterminer quelles sont les altérations des organes dans les maladies désignées sous le nom de* fièvres continues.

Quels sont les rapports qui existent entre les symptômes de ces maladies et les altérations observées?

Insister sur les vues thérapeutiques qui se déduisent de ces rapports.

Question de Chimie médicale. — *Déterminer quelles sont les altérations physiques et chimiques des solides et des liquides dans les maladies désignées sous le nom de* fièvres continues.

En 1834, la question de Chimie médicale fut retirée du concours et la question de Médecine fut de nouveau proposée pour 1836.

Le prix ne put pas être décerné. Sur le rapport de Serres, il ne fut accordé que des encouragements.

Dans la séance publique du 13 août 1838, l'Académie proposait, pour sujet d'un prix de 10000^{fr} à décerner en 1842, la question suivante :

La vertu préservatrice de la vaccine est-elle absolue, ou bien ne serait-elle que temporaire?

Dans ce dernier cas, déterminer, par des expériences précises et des faits authentiques, le temps pendant lequel la vaccine préserve de la variole.

Le cow-pox *a-t-il une vertu préservatrice plus certaine ou plus persistante*

En conséquence, le prix fut porté à 20 000^{fr}. Il a été décerné, sur le rapport de Velpeau, dans la séance du 11 mars 1867.

Le prix concernant l'application de l'électricité à la Thérapeutique n'obtint pas immédiatement le même succès. En 1866, il ne put être accordé qu'une médaille, et le concours fut prorogé à l'année 1869.

A cette époque, le prix fut encore réservé et proposé pour 1872. Sur le rapport de M. Becquerel père, l'Académie accorda deux médailles de la valeur de 5000^{fr}.

De 1872 le concours fut de nouveau prorogé à l'année 1875; sur le rapport de M. Edmond Becquerel, le prix fut décerné.

Depuis 1861, l'Académie paraît avoir renoncé à proposer des questions spéciales pour le concours Montyon. Les prix dont elle a aujourd'hui la disposition sont si nombreux et si divers, spécialement pour ce qui regarde la Médecine et la Chirurgie, qu'elle est en situation de récompenser par des distinctions particulières tous les travaux qui se produisent dans ces branches de la Science.

Les reliquats de la fondation trouvent d'ailleurs une application plus utile peut-être dans les recherches de toute nature que l'Académie se fait un devoir de provoquer ou d'encourager.

LAURÉATS.

1836. *Déterminer quelles sont les altérations des organes dans les maladies désignées sous le nom de* fièvres continues.

GENDRIN.	Encouragement.....	1500^{fr}
PIÉDAGNEL.	»	1500^{fr}
BOUSQUET.	»	1500^{fr}
MONTAULT.	»	1500^{fr}

1837. *Déterminer par une série de faits et d'observations authentiques quels sont les avantages et les inconvénients des moyens mécaniques et gymnastiques appliqués à la cure des difformités du système osseux.*

GUÉRIN (Jules).	Premier prix.....	10000^{fr}
BOUVIER.	Deuxième prix....	6000^{fr}

1845. *La vertu préservatrice de la vaccine est-elle absolue ou bien ne serait-elle que temporaire, etc.?*

BOUSQUET.	Récompense....	3000^{fr}
STEINBRENNER.	»	2500^{fr}
FIARD.	»	2500^{fr}
ANONYMES (Mémoires n°s 7, 9, 22, 23).	Mentions honorables.	

		fr
	Prix	6000
1841. Ruolz (H. de)	»	4000
1842. Martin (de Vervins)	»	3000
Lamy	»	2000
Jarrin et Longcôté	Encouragement	2000
Chuard	Prix	2500
1843. Chameroy	Récompense	1000
Siret	Encouragement	1000
Boutigny (d'Évreux)	Indemnité	700
Melsens (Louis)	Récompense	2000
1844. Chaussenot aîné	Prix	2500
1845. Laignel (Benjamin)	Prix	2500
1846-1847-1848. Leclaire	»	2500
Rocher		
Pilet (Eugène)	Mention honorable.	
Peugeot (Jules)	Récompense	500
1849-1850. Mallet (A.)	»	500
Cavaillon (de)	Récompense	2000
1851. Masson (E.)	»	2000
Sucquet (V.)	Prix	2500
1853. Arnaud	»	2500
Herpin	»	2500
Doyère (L.)	»	1500
Machecourt	»	1500
Fontaine	Encouragement	500
Chuard	Prix	2500
1854. Rouy aîné (P.-A.)	Récompense	1500
Fontenau (Félix)	Encouragement	1500
Mabru (Guillaume)	Prix	2500
1855. Dumery	»	2000
Sorel	»	2000
Boutron et Boudet	Encouragement	500
Thibout (Nap.)	Prix	2500
1856. Schroetter	»	2000
Chaumont	Prix	2500
1857. Rolland (Eugène)	Encouragement	1000
Dannery (de Rouen)	Prix	2500
1858. Dannery (de Rouen)	Encouragement	1500
Herland	Encouragement	1000
1859. Guigardet	Prix	2500
1860. Mandet	»	2500
Fournier (Ch.)	Récompense	1000
Guigardet	»	1000
Boroeuf	Prix 2500fr / Indemnité 1500fr	4000
1863. Grimaud (de Caux)	Prix	2500
Guignet (Er.)	Récompense	1500
Bouffé (A.)	Encouragement	1000
1864. Dumas (A.) et Benoit	»	500
Chambon-Lacroisade (H.)	Prix	2500
1865. Achard (Auguste)		

proposa au Ministre de le partager également entre MM. Dupuy de Lôme, Moll et Bourgois.

Cette proposition ayant été adoptée, l'Académie sollicita des pouvoirs publics un décret instituant un autre prix de 6000^{fr}; sur le rapport de M. Th. Ducos, alors Ministre de la Marine, ce décret fut rendu le 5 avril 1854, et le prix put être de nouveau proposé à l'émulation des savants.

De longues années s'écoulèrent encore avant qu'on pût trouver des travaux assez considérables pour le mériter, et ce n'est qu'en 1876 qu'il fut possible de l'attribuer à M. A. Ledieu, Correspondant de l'Académie.

Pénétrée des difficultés qu'elle rencontrerait dans l'avenir, la question à proposer étant extrêmement restreinte, l'Académie demanda, le 9 décembre 1876, au Ministre de la Marine, en lui transmettant un Rapport de M. l'amiral Jurien de La Gravière sur cet objet, de vouloir bien élargir le cercle étroit de l'ancienne formule et donner une plus grande latitude aux concurrents.

Le Ministre, M. l'amiral Fourichon, s'empressa d'accéder au vœu de l'Académie et l'informa peu de jours après que, sur sa proposition, M. le Président de la République, par un décret du 21 décembre, avait réglé que dorénavant le prix de *six mille francs* serait réservé « à tout progrès de nature à accroître l'efficacité de nos forces navales ».

Sous cette nouvelle forme, il a été décerné pour la première fois en 1878.

LAURÉATS.

1853. Dupuy de Lôme		^{fr}
Moll	Prix partagé.........	6000
Bourgois.		
1876. Ledieu (Alfred), correspondant de l'Académie	Prix	6000
1878. Baills, lieutenant de vaisseau	Prix partagé.........	6000
Perroy, ingénieur de la Marine.......................		

Prix fondés par M. Bordin.

Par un testament en date du 27 avril 1835, M. C.-L. Bordin, ancien notaire à Paris, léguait à l'Institut royal de France 12000^{fr} de rente à diviser et à répartir chaque année entre l'Académie française, l'Académie des Inscriptions et Belles-Lettres, l'Académie des Sciences et l'Académie des Beaux-Arts, pour la fondation de prix annuels dont le nombre et la valeur devaient être déterminés par des programmes spéciaux.

1865. *Apporter un perfectionnement notable à la théorie mécanique de la chaleur.*

    Dupré (Athanase).   Mention honorable et Encouragement. 1500^{fr}

1866. *Déterminer les indices de réfraction des verres qui sont aujourd'hui employés à la construction des instruments d'optique et de photographie, etc.*

    Baille (J.-B.-A.).   Prix..... 3000^{fr}
    Mascart (E.).   Mention honorable.

1866. *Déterminer les longueurs d'onde de quelques rayons de lumière simple bien définis.*

    Mascart (E.).   Prix..... 3000^{fr}

1867. *Direction des vibrations de l'éther dans les rayons polarisés.*

    Jenkin (W.).   Médaille..... 2000^{fr}

1872. *Théorie des raies du spectre.*

    Lecoq de Boisbaudran.   Encouragement..... 2000^{fr}

1876. *Rechercher par de nouvelles expériences calorimétriques et par la discussion des observations antérieures quelle est la véritable température à la surface du Soleil.*

    Violle.   Récompense..... 2000^{fr}
    Crova.   Encouragement..... 1000^{fr}
    Vicaire.   » 1000^{fr}

1878. *Diverses formules ont été proposées pour remplacer la loi d'Ampère sur l'action de deux éléments de courant : discuter ces diverses formules et les raisons qu'on peut alléguer pour accorder la préférence à l'une d'elles.*

    Reynard.   Encouragement..... 2000^{fr}

1880. *Trouver le moyen de faire disparaître ou au moins d'atténuer sérieusement la gêne et les dangers que présentent les produits de la combustion sortant des cheminées sur les chemins de fer, sur les bateaux à vapeur, ainsi que dans les villes, à proximité des usines à feu.*

    Lan.   Récompense..... 1500^{fr}

Sciences physiques ou naturelles.

1859. *Métamorphisme des roches.*

    Daubrée (G.-A.).   Récompense..... 2000^{fr}
    Delesse (A.-E.-O.-J.).   Encouragement..... 1000^{fr}

1863. *Étude des vaisseaux du latex.*

    Dippel (Léopold).   }
    Hanstein (Johannes). }   Prix partagé..... 3000^{fr}

Prix fondé par Mme la Marquise de Laplace.

Le 28 mars 1836, Arago recevait la lettre suivante :

Monsieur, j'ai l'honneur de vous demander de vouloir bien soumettre à l'acceptation de l'Académie des Sciences un prix que j'ai l'intention de fonder à perpétuité.

Ce prix consisterait dans les Œuvres complètes de M. de Laplace ; il serait donné
tous les ans par les mains du Président de l'Académie au premier élève sortant de
l'École Polytechnique.

Si, comme je dois l'espérer, l'Académie des Sciences agrée l'offre que je lui sou-
mets, je lui transmettrai aussitôt une inscription sur l'État de 215^fr, montant du prix
de tous les Volumes convenablement reliés.

Dans le cas où, contre toute probabilité, à la suite de quelque nouvelle organisation des services publics, l'École Polytechnique cesserait d'exister, la fondatrice
demanderait à l'Académie de vouloir bien donner à ce prix (les Œuvres de M. de Laplace) la destination qu'on jugerait la plus favorable à l'émulation des jeunes élèves
qui cultivent les Mathématiques.

Mme de Laplace espère de l'affection des confrères et amis de M. de Laplace qu'ils
verront dans sa proposition un hommage qu'elle est heureuse de rendre aux Sciences
dont l'Académie est le sanctuaire.

Recevez, etc.

Marquise DE LAPLACE.

Une ordonnance royale du 3 juin 1836 autorisa l'Académie à accepter
cette donation, qui, conformément au désir de Mme de Laplace, eut un effet
rétroactif; le prix fut décerné en 1836 pour l'année 1835.

Depuis plusieurs années, les Œuvres de Laplace, imprimées aux frais de
l'État, en exécution de la loi du 15 juin 1842, étaient épuisées; l'Académie
éprouvait de sérieuses difficultés à se procurer, dans le commerce, l'exemplaire destiné au Prix qu'elle est appelée à décerner annuellement.

Dans ces circonstances, la réimpression de ces Œuvres fut décidée. M. le
général Marquis de Laplace, qui en avait pris l'initiative, mourut en y affec-
tant, par testament, une somme de 70000^fr et en priant MM. Dumas et
Élie de Beaumont, Secrétaires perpétuels de l'Académie, d'en surveiller
l'exécution; de son côté, Mme la Marquise de Colbert, nièce du général et
petite-fille de Laplace, voulut aussi y consacrer une somme importante, afin
que l'œuvre prît le caractère d'une édition définitive.

Le 16 juillet 1877, l'Académie acceptait de publier cette édition sous ses
auspices et sous sa responsabilité; M. Bertrand succédait à M. Élie de Beaumont, alors décédé, et MM. Puiseux et Houël offraient leur active coopé-
ration pour la revision des textes.

1861.	GENREAU (P.)	Prix	193fr
1862.	MATROT (A.)	»	183
1863.	DEMONGEOT (A.-N.)	»	183
1864.	LÉVY (A.-M.)	»	183
1865.	DOUVILLÉ	»	183
1866.	LANGLOIS (F.-M.-N.)	»	183
1867.	ZEILLER (C.-R.)	»	183
1868.	AMIOT (H.-J.)	»	183
1869.	VOISIN (F.-H.)	»	183
1870.	SAUVAGE (L.-A.-E.)	»	183
1871.	BOUTIRON (H.-J.-B.-X.)	»	183
1872.	OPPERMANN (C.-A.)	»	183
1873.	KUSS (H.)	»	183
1874.	BADOUREAU (J.-P.-A.)	»	183
1875.	BONNEFOY (M.-P.)	»	183
1876.	HENRIOT (L.-P.)	»	183
1877.	DOUGADOS (F.-J.-C.)	»	183
1878.	BÉCHEVEL (E.-D.-H. DE)	»	183
1879.	WALCKENAER (C.-M.)	»	183
1880.	TERMIER (P.-M.)	»	183

Prix donné par M. Manni.

Le 13 février 1837, l'Académie recevait de M. Manni, professeur de l'Université de Rome, une lettre par laquelle il proposait de faire les fonds d'un prix spécial de *quinze cents francs* à décerner au meilleur Mémoire sur la question des morts apparentes et sur les moyens de remédier aux accidents funestes qui en sont souvent les conséquences.

Une ordonnance royale du 6 avril 1837 autorisait l'acceptation de cette somme une fois donnée.

Le prix fut proposé pour l'année 1839, dans les termes qui suivent :

Quels sont les caractères distinctifs des morts apparentes?

Quels sont les moyens de prévenir les enterrements prématurés?

Le prix a été décerné en 1846.

LAURÉAT.

1846. BOUCHUT (Dr E.) .... Prix 1500fr

Prix légué par M. Baraudon.

Par un testament fait à Limoges le 11 juin 1836, M. Baraudon, procureur du roi, léguait à l'Institut de France deux sommes de 6000fr, la première

Le Roi, par une ordonnance du 25 juillet 1839, autorisa l'acceptation de la somme offerte à l'Académie par la Commission.

Le prix fut proposé la première fois, pour l'année 1851. Sa valeur est actuellement de *quinze cents francs*.

LAURÉATS.

		fr
1851. Agassiz (Louis)............................ Prix	1500
1854. Muller (J.)............................ »	1500
1857. Owen (Richard)............................ »	1500
1860. Dufour (Léon)............................ »	1500
1863. Murchison (sir R.-I.)............................ »	1500
1866. Baer (C.-A. de)............................ »	1500
1869. Ehrenberg (C.-G.)............................ »	1500
1873. Deshayes............................ »	1500
1876. Fouqué (F.)............................ »	1500
1879. Studer (Bernard)............................ »	1500

Prix sur l'Agriculture, fondé par M. Bigot de Morogues.

M. le baron Bigot de Morogues a légué, par son testament en date du 25 octobre 1834, une somme de *dix mille francs*, placée en rentes sur l'État, pour faire l'objet d'un prix à décerner tous les cinq ans, alternativement, par l'Académie des Sciences, à l'Ouvrage qui aura fait faire le plus grand progrès à l'Agriculture en France, et, par l'Académie des Sciences morales et politiques, au meilleur Ouvrage sur l'état du paupérisme en France et le moyen d'y remédier.

Les deux Académies légataires ont été autorisées à accepter le legs Morogues, par ordonnance royale du 26 mars 1842.

Le prix proposé pour la première fois par l'Académie des Sciences a été décerné, en 1853, à M. Hervé Mangon.

La valeur du prix Morogues est aujourd'hui de *mille sept cents francs*.

LAURÉATS.

	fr
1853. Mangon (Hervé)............................ Prix...............	1700
1863. Barral (J.-A.)............................ »	1700
1873. Molon (de)............................ »	1700

Prix fondé par M. Josse.

Par un testament fait à Port-Louis (île Maurice) le 1ᵉʳ août 1839, M. F.-T. Josse, officier de santé des troupes françaises, instituait l'École de Médecine de Paris et l'Institut de France ses légataires universels.

Dans la plus pure intention, dit-il, de fonder un prix annuel à perpétuité, pour être délivré, chaque année, à celui qui aura présenté le meilleur ouvrage sur mes opinions relatives à la chaleur et à la lumière, considérées sous les nouveaux rapports consignés dans mes thèses, sans en altérer ni l'esprit, ni le texte.

Par une décision en date du 14 avril 1851, sur le Rapport d'une Commission composée de MM. Arago, Flourens, Velpeau, Dumas, Andral et Duméril, l'Académie des Sciences a refusé ce legs, pour ce qui la concerne.

Prix Volta.

Le 23 février 1852, un décret présidentiel instituait un prix de 50000ᶠʳ relatif aux applications de la pile de Volta. Ce décret était ainsi conçu :

Louis-Napoléon, Président de la République française, sur le Rapport du Ministre de l'Instruction publique et des Cultes,

Considérant qu'au commencement de ce siècle la pile de Volta a été jugée le plus admirable des instruments scientifiques ;

Qu'elle a donné :

A la chaleur les températures les plus élevées ;

A la lumière une intensité qui dépasse toutes les lumières artificielles ;

Aux arts chimiques une force mise à profit par la galvanoplastie et le travail des métaux précieux ;

A la Physiologie et à la Médecine pratique des moyens dont l'efficacité est sur le point d'être constatée ;

Qu'elle a créé la télégraphie électrique ;

Qu'elle est ainsi devenue et tend encore à devenir, comme l'avait prévu l'Empereur, le plus puissant des agents industriels ;

Considérant dès lors qu'il est d'un haut intérêt d'appeler les savants de toutes les nations à concourir aux développements des applications les plus utiles de la pile de Volta ;

Décrète :

Art. 1. — Un prix de cinquante mille francs est institué en faveur de l'auteur de la découverte qui rendra la pile de Volta applicable avec économie :

Soit à l'industrie, comme source de chaleur ; soit à l'éclairage ; soit à la Chimie ; soit à la Mécanique ; soit à la Médecine pratique.

condaires, le second pour ses recherches expérimentales sur la direction, l'intensité et la durée des courants électriques.

Nous aurions pu passer ce prix sous silence, l'Académie n'ayant pas mission de le décerner; mais sa création, inspirée par le souvenir des services rendus à la Science par le *prix du Galvanisme,* nous a paru par cela même se rattacher étroitement à notre travail. Ajoutons que c'est à l'influence qu'exerçait alors M. Dumas, l'illustre Secrétaire perpétuel de l'Académie, dans les Conseils du Gouvernement, qu'est due la fondation du *prix Volta* et que les Commissions chargées de juger les concours, quoique nommées directement par le Ministre de l'Instruction publique, ont toujours été composées de membres de l'Académie des Sciences.

Prix sur le choléra, fondé par M. Bréant.

Dans sa séance du 21 juin 1852, l'Académie acceptait le legs qui lui était fait dans les termes suivants par M. J.-R. Bréant, ancien directeur des essais des monnaies de France :

J'institue et donne après ma mort, pour être décerné par l'Institut de France, un prix de *cent mille francs* à celui qui aura trouvé le moyen de guérir du choléra asiatique ou qui aura découvert les causes de ce terrible fléau.

Dans l'état actuel de la Science, je pense qu'il y a encore beaucoup de choses à trouver dans la composition de l'air et dans les fluides qu'il contient : en effet, rien n'a encore été découvert au sujet de l'action qu'exercent sur l'économie animale les fluides électriques, magnétiques ou autres ; rien n'a été découvert également sur les animalcules qui sont répandus en nombre infini dans l'atmosphère, et qui sont peut-être la cause ou une des causes de cette cruelle maladie.

Je n'ai pas connaissance d'appareils aptes, ainsi que cela a lieu pour les liquides, à reconnaître l'existence dans l'air d'animalcules aussi petits que ceux que l'on aperçoit dans l'eau en se servant des instruments microscopiques que la Science met à la disposition de ceux qui se livrent à cette étude.

Comme il est probable que le prix de *cent mille francs,* institué comme je l'ai expliqué plus haut, ne sera pas décerné de suite, je veux, jusqu'à ce que ce prix soit gagné, que l'intérêt dudit capital soit donné par l'Institut à la personne qui aura fait avancer la Science sur la question du choléra ou de toute autre maladie épidémique, soit en donnant de meilleures analyses de l'air, en y démontrant un élément morbide, soit en trouvant un procédé propre à connaître et à étudier les animalcules qui jusqu'à présent ont échappé à l'œil du savant, et qui pourraient bien être la cause ou une des causes de la maladie.

Un décret impérial en date du 15 novembre 1853 autorisait l'Académie des Sciences à accepter la fondation Bréant.

1870. CHAUVEAU (J.-B.-A.) .... Récompense 5000
1871. GRIMAUD (de Caux) .... ⎱ Récompense partagée. 5000
       THOLOZAN (J.-D.) .... ⎰
       BOURGOGNE fils .... Mention honorable.
1872. BOULEY (J.-J.) et ROBBE .... Récompense 3000
       NETTER (A.) .... » 2000
1873. PROUST .... ⎱ Récompense partagée. 5000
       PELLARIN (A.) .... ⎰
1874. PELLARIN (Ch.) .... Récompense 3500
       ARMIEUX .... » 1500
1876. DUBOUÉ .... Encouragement 2000
       STANSKI .... » 1000
1877. RENDU (Joanny) .... Prix 5000
1879. TOUSSAINT (H.) .... » 5000
1880. COLIN (G.) .... » 5000

Prix triennal fondé par Napoléon III.

Napoléon, par la grâce de Dieu et la volonté nationale, Empereur des Français,
A tous présents et à venir, salut ;
Sur le Rapport de notre Ministre secrétaire d'État au département de l'Instruction publique et des Cultes,

Avons décrété et décrétons ce qui suit :

ART. 4. — Dans la séance publique commune aux cinq Académies, un prix d'une valeur annuelle de *dix mille francs* sera, tous les trois ans, décerné en notre nom à l'Ouvrage ou à la découverte que les cinq Classes auront jugé le plus propre à honorer ou à servir le pays.

Ce prix sera décerné, pour la première fois, le 15 août 1856, entre tous les auteurs des travaux signalés dans les cinq dernières années.

Fait au palais des Tuileries, le 14 avril 1855.

NAPOLÉON.

Dans sa séance du 2 avril 1856, l'Institut, convoqué en séance générale extraordinaire, s'occupa des moyens de satisfaire au décret précité; la discussion fut continuée au 9 du même mois, et chacune des Académies choisit dans son sein trois commissaires qui furent chargés d'examiner les titres des candidats au prix.

L'Académie des Sciences, dans sa séance du 26 mai 1856, sur la proposition de sa Section de Physique, choisit pour son candidat M. Fizeau, auteur de deux expériences fondamentales sur la vitesse de la lumière. Ce choix fut ratifié par l'Institut tout entier, dans la séance générale du 9 juillet suivant.

Académies de l'Institut impérial de France. Il sera décerné en notre nom par l'Institut, dans sa séance publique du 15 août, sur la désignation successive de l'Académie française, de l'Académie des Inscriptions et Belles-Lettres, de l'Académie des Sciences, de l'Académie des Beaux-Arts, de l'Académie des Sciences morales et politiques.

Cette désignation devra être sanctionnée par la majorité des suffrages des cinq Académies réunies.

Le prix ne pourra en aucun cas être partagé.

ART. 2. — Notre Ministre d'État est chargé de l'exécution du présent décret.

Fait au palais des Tuileries, le 22 décembre 1860.

NAPOLÉON.

LAURÉATS.

Le prix triennal a été décerné, sur la proposition de l'Académie des Sciences :

En 1856, à M. FIZEAU.   30000^{fr}

Le prix biennal a été décerné, sur la proposition de l'Académie française :

En 1861, à M. THIERS.   20000^{fr}
En 1871, à M. GUIZOT.   20000^{fr}

Sur la proposition de l'Académie des Inscriptions et Belles-Lettres :

En 1863, à M. OPPERT.   20000^{fr}
En 1873, à M. MARIETTE.   20000^{fr}

Sur la proposition de l'Académie des Sciences :

En 1865, à M. WURTZ.   20000^{fr}
En 1875, à M. BERT (Paul).   20000^{fr}

Sur la proposition de l'Académie des Beaux-Arts :

En 1867, à M. DAVID (Félicien).   20000^{fr}
En 1877, à M. CHAPU.   20000^{fr}

Sur la proposition de l'Académie des Sciences morales et politiques :

En 1869, à M. MARTIN (Henri).   20000^{fr}
En 1879, à M. DEMOLOMBE.   20000^{fr}

Prix fondé par M. Lallemand.

Un testament olographe fait à Paris, le 2 novembre 1852, par M. le Dr Lallemand, membre de l'Académie des Sciences, institue cette Académie légataire d'une somme de *cinquante mille francs*, pour la fondation d'un

			fr
1860. BERTHELOT (Marcellin)	Prix		3500
DESSAIGNES (Victor)		»	2000
1861. PASTEUR (Louis)		»	5000
1862. GRAHAM (Th.)		»	5000
1863. HOFMANN (A.-W.)		»	5000
1864. WURTZ (Adolphe)		»	5000
1865. CLOEZ (St.)		»	3000
FRIEDEL (Charles)		»	1000
LUYNES (DE)		»	1000
1866. CAHOURS (Auguste)		»	5000
1867. BERTHELOT (Marcellin)		»	5000
1868. FAVRE (P.-A.)		»	5000
GAUTIER (A.)		»	2000
1869. FRIEDEL (Charles)		»	5000
1870. CLERMONT (DE)	Encouragement		1700
GAL (H.)		»	1700
GRIMAUX (Ed.)		»	1700
1871. SCHUTZENBERGER	Prix		5000
1872. JUNGFLEISCH		»	5000
1873. GIRARD (Aimé)		»	5000
1874. REBOUL (E.)	Prix partagé		5000
BOUCHARDAT (G.)			
1875. GRIMAUX (Ed.)	Prix		5000
1876. CLOEZ (St.)		»	5000
1877. CLOEZ (St.)		»	5000
HOUZEAU (A.)		»	5000
1878. REBOUL (E.)		»	10000
1879. RIBAN (J.)		»	4000
BOURGOIN (Edme)		»	4000
CRAFTS (J.-M.)		»	2000
1880. DEMARÇAY (Eugène)		»	10000

Prix fondé par M. de Trémont.

Le baron de Trémont, ancien préfet, a légué à l'Académie, par testament en date du 5 mai 1845, une somme annuelle de *onze cents francs,* « pour aider, dans ses travaux, tout savant, ingénieur, artiste ou mécanicien auquel une assistance sera nécessaire pour atteindre un but utile et glorieux pour la France.

» Toute latitude est laissée à l'Académie pour la durée de cette aide, et, comme de telles découvertes ont lieu rarement, lorsque la rente n'aura pas son emploi, elle sera capitalisée avec le fonds et deviendra ainsi plus digne de son but. S'il s'écoulait un nombre d'années que l'Académie fixerait, elle pourrait appliquer à son choix la somme disponible, soit à favoriser les explorations d'un savant voyageur, soit à des recherches, dans des archives, de

Ces trois prix seront jugés et distribués publiquement : le premier par l'Académie royale de Médecine, le deuxième par la Faculté de Médecine de Paris et le troisième par l'Institut.

A la suite d'observations qui lui furent adressées par les héritiers du D' Barbier, l'Académie des Sciences consentit un projet de transaction réduisant à *deux mille francs* le legs qui lui était fait.

Un décret du 2 mars 1859 a autorisé son acceptation.

Le prix Barbier fut décerné, pour la première fois, dans la séance publique de l'année 1862.

LAURÉATS.

		fr
1862. CAP (P.-A.)	Prix	2000
1863. LÉPINE (Jules)	} Prix partagé	2000
VIEILLARD		
1865. BAILLET et FILHOL	} Prix partagé	3000
VÉE (Am.) et LEVEN (M.)		
GROSOURDY (René de)	Mention honorable.	
1866. LAILLER	Récompense	500
DEBEAUX	"	500
1867. HUGUIER	Prix	2000
1868. FRASER (Th.)	} Prix partagé	2000
RABUTEAU		
1869. MIRAULT (G.)	} Prix partagé	2000
STILLING (B.)		
1870. PERSONNE (J.)	Prix	2000
1871. DUQUESNEL	"	2000
1872. BRASSON (H.)	Encouragement	1000
CHATIN (Johannès)	"	500
COUTARET	"	500
1873. LEFRANC	"	1000
1874. RIGAUD	Prix	2000
ROBIN (A.)	Mention honorable.	
HARDY (E.)	"	
1876. PLANCHON	Prix	2000
GALLOIS et HARDY (E.)	Récompense	1000
LAMARRE	"	500
1877. GALIPPE (V.)	"	1000
LEPAGE et PATROUILLARD	"	500
MANOUVRIEZ (An.)	"	500
1878. TANRET (Ch.)	Prix	2000
CAUVET (D.)	Encouragement	500
HECKEL (E.)	"	500
1879. MANOUVRIEZ (An.)	"	1000
1880. QUINQUAUD (E.)	Prix	2000

Nous extrayons de cet acte les dispositions qui suivent :

1° Les frais, déboursés et honoraires des présentes, ainsi que ceux de l'acceptation par l'Académie, seront prélevés sur la somme de vingt mille francs ;

2° Le revenu de la somme restée disponible après ce prélèvement constituera à perpétuité un prix annuel qui recevra la dénomination de *prix Damoiseau*.

3° Ce prix sera décerné par l'Académie à l'auteur français ou étranger du Mémoire de théorie, suivi d'applications numériques, qui lui paraîtra le plus utile au progrès de l'Astronomie ; il pourra aussi être partagé entre plusieurs savants.

4° Lorsque l'Académie le jugera convenable, l'auteur d'un Mémoire couronné pourra recevoir le montant du prix plusieurs années consécutives.

5° S'il n'y avait pas lieu de décerner ce prix, l'Académie pourrait en employer la valeur en encouragements pour des travaux astronomiques du même genre.

6° Ce prix, quand l'Académie le jugera utile au progrès de la Science, pourra être converti en prix triennal.

7° S'il n'y avait pas lieu d'employer le revenu annuel, il pourrait être converti en rentes jusqu'à ce que le prix fondé s'élevât à mille francs.

Un décret en date du 16 mai 1863 a autorisé l'acceptation de cette donation.

Le prix Damoiseau est proposé depuis 1865. La question est restée la suivante :

Revoir la théorie des satellites de Jupiter.

L'Académie, voulant montrer l'importance qu'elle attache à l'étude de cette question, a élevé successivement le prix jusqu'à la somme de 10000^{fr}.

Sa valeur annuelle est de *sept cent soixante-dix francs.*

Prix Desmazières.

Par son testament en date du 14 avril 1855, M. Desmazières a légué à l'Académie des Sciences un capital de *trente-cinq mille francs*, devant être converti en rentes 3 pour 100 et servir à fonder un « prix annuel pour être décerné à l'auteur français ou étranger du meilleur ou plus utile écrit, publié dans le courant de l'année précédente, sur tout ou partie de la Cryptogamie ».

Un décret en date du 25 novembre 1863 a autorisé l'Académie à accepter ce legs.

Le prix Desmazières a été proposé la première fois pour l'année 1866.

Sa valeur est actuellement de *seize cents francs.*

LAURÉATS.

		fr
1866. Vaillant (Léon)	Prix	975
1870. Mac Andrew (Robert)	»	975
Issel (A.)	»	975
1880. Grandidier (Alfred)	»	975

Prix Thore.

Par un testament en date du 3 juin 1863, M. F.-H.-F. Thore, propriétaire à Dax, prenait la disposition suivante, qui fut approuvée par un décret du 6 août 1864 :

Je lègue à l'Académie des Sciences de Paris le capital nécessaire pour l'acquisition d'une rente annuelle de *deux cents francs* sur les fonds publics, cette rente destinée à la fondation d'un prix de pareille somme à décerner chaque année, au nom de Jean Thore, mon père, médecin et botaniste, à l'auteur du meilleur Mémoire sur les algues fluviatiles ou marines d'Europe, ou sur les mousses, ou sur les lichens, ou sur les champignons d'Europe, ou sur les mœurs ou l'anatomie d'une espèce des insectes d'Europe.

Pour se conformer au désir du testateur, l'Académie décida qu'elle décernerait le prix ainsi fondé, alternativement à des travaux sur les cryptogames cellulaires d'Europe et à des recherches sur les mœurs ou l'anatomie d'un insecte.

Le prix Thore a été proposé la première fois pour l'année 1866.

LAURÉATS.

		fr
1866. Fabre (H.)	Prix	200
1868. Lespès	»	200
1869. Bonnet	»	200
1870. Schiödte (J.-C.)	»	200
1873. Mégnin (J.-P.)	»	200
1874. Forel (Aug.)	»	200
1876. Oustalet (E.)	»	200
1877. Jousset de Bellesme	»	200
1878. Ardissone (Fr.)	»	200
1879. Brandt (Édouard)	»	200
1880. Vayssière (A.)	»	200
Joly (Émile)	»	200

M. — *Prix.* 19

LAURÉATS.

			fr
1872. Taurines (Aug.)	Prix		2500
1873. Bertin (E.)	»		2500
1874. Farcot (Joseph)	»		2500
1875. Madamet	»		2500
1877. Fréminville (de)	»		2500
1878. Valessie, capitaine de frégate	»		2500

Prix de Botanique, fondé par M. Montagne.

Par un testament en date du 11 octobre 1862, M. Montagne, membre de l'Institut, instituait l'Académie sa légataire universelle, à charge par elle d'affecter le revenu annuel de sa succession à des prix dont la forme et la nature sont déterminées ainsi qu'il suit :

Dans l'intérêt de la Science et surtout de cette branche difficile de la Botanique que j'ai constamment cultivée, sinon avec succès, du moins avec tant de zèle et d'amour, j'entends que ce revenu serve à perpétuité à fonder un ou deux prix qui seront décernés chaque année dans sa séance publique par l'Académie des Sciences. Ces prix seront ou pourront être l'un de *mille francs* et l'autre de *cinq cents francs,* pour être adjugés, sur le rapport de la décision de la Section de Botanique, à l'auteur ou aux auteurs de découvertes ou de travaux importants sur les végétaux cellulaires et qui auront été adressés à l'Institut pendant l'année précédente ou dans le courant de l'année, mais en temps nécessaire pour être examinés, jugés et prendre conséquemment part au concours.

Constituée nue propriétaire par ce même testament, l'Académie n'est pas encore entrée en possession du legs Montagne , qu'elle a été autorisée à accepter par décret du 21 juillet 1866.

Prix fondés par M. Magnan.

Par testament du 15 janvier 1857, M. C.-L.-D. Magnan, de Carpentras, instituait pour son légataire universel l'Institut de France, à charge par lui de décerner annuellement un ou plusieurs prix.

Les principales choses à honorer d'un prix sont le meilleur Ouvrage littéraire ou scientifique, une invention nouvelle d'une grande utilité, une bonne conduite, une belle action.

On pourrait, ajoute le légataire, donner des prix plus honorifiques que lucratifs, des fleurs en riche métal, comme aux jeux floraux, etc.

1875. *Le prix sera décerné au perfectionnement le plus important apporté à la construction ou à la théorie d'une ou de plusieurs machines hydrauliques.*

SAGEBIEN.   Prix.... 1000[fr]

1877. *Construction d'une machine motrice propre au service de la traction sur les tramways.*

MALLET (A.).   Prix.... 1000[fr]

Prix offert par M. Guillon.

Par un acte notarié en date du 6 juin 1868, M. le docteur Guillon faisait donation à l'Académie d'une somme de *onze mille francs*, dont l'emploi était déterminé de la manière suivante :

M. Guillon désire que cette somme, reçue par lui pour les soins qu'il a donnés avec un plein succès à S. M. l'Empereur à Vichy et à Biarritz en 1866, soit immédiatement employée en l'acquisition d'une inscription de rente 3 pour 100 sur l'État français, dont les arrérages, accumulés pendant trois ans, seront donnés en prix pour récompenser le meilleur travail sur la guérison des maladies urinaires.

Par une décision du 29 juin, l'Académie a déclaré ne pas accepter cette donation.

Prix Serres.

M. Serres, professeur au Muséum d'Histoire naturelle, membre de l'Institut, a légué à l'Académie, par testament en date du 16 janvier 1868, une somme de 60 000[fr] « pour instituer un prix triennal sur l'Embryologie générale, appliquée autant que possible à la Physiologie et à la Médecine ».

Un décret du 19 août 1868 a autorisé l'acceptation de ce legs.

Le prix Serres a été proposé, la première fois, pour l'année 1872.

Sa valeur est de *sept mille cinq cents francs*.

		fr
1872. GERBE (Z.).. Prix................		7500
1875. CAMPANA .... Récompense		3000
POUCHET (Georges).. »		3000
1878. AGASSIZ (Alexandre)................................... Prix................		7500

vœu de la fondatrice, y joint une médaille de bronze rappelant les traits du
général et un exemplaire de ses Œuvres complètes.

LAURÉATS.

			fr
1869.	Robert-Mayer (J.)	Prix	3000
1870.	Jordan (C.)	»	2000
1871.	Boussinesq (J.)	»	2000
1872.	Mannheim (H.)	»	2000
1873.	Thomson (William)	»	2000
1874.	Bresse	»	2000
1875.	Darboux (Gaston)	»	2000
1876.	Kretz (Xavier)	»	2000
1877.	Laguerre	»	2000
1878.	Lévy (Maurice)	»	2000
1879.	Moutard (Théodore)	»	2000
1880.	Léauté	»	2000

Prix offert par Mme Delalande-Guérineau.

Le 20 mai 1869, Mme F. Guérineau, née Delalande, adressait au Président
de l'Académie des Sciences une lettre dans laquelle elle exprimait le désir
de fonder un prix de *trois cents francs* « à décerner tous les deux ans au
voyageur français dans nos colonies ou dans d'autres contrées exotiques qui
rendrait le plus de services à l'Histoire naturelle, particulièrement sous le
rapport de l'alimentation de l'homme ».

Par une lettre du 19 mars 1870, Mme F. Guérineau offrait de porter ce prix
à la somme de 500^{fr}.

Aucune décision ne fut prise au sujet de cette affaire, la donatrice ayant
résolu de fonder le prix en question par testament.

Prix fondé par M. Chaussier.

Par un testament en date à Paris du 19 mai 1863, M. F.-B.-S. Chaussier
laissait à la charge de son légataire la fondation suivante :

5° Je veux que mon légataire prenne une inscription de rente de *deux mille cinq
cents francs* par an que l'on accumulera pendant quatre ans pour donner un prix
sur le meilleur Livre ou Mémoire qui aura paru pendant ce temps et fait avancer la
Médecine, soit sur la Médecine légale, soit sur la Médecine pratique. Ce prix de dix
mille francs sera donné par l'Institut de France, et l'inscription de rente ne pourra
être détournée ni aliénée du prix Chaussier.

Prix de Physiologie, de Physique et de Chimie, fondés par M. L. Lacaze.

Par son testament en date du 24 juillet 1865 et ses codicilles des 25 août et 22 décembre 1866, M. Louis Lacaze, docteur médecin à Paris, a légué à l'Académie des Sciences trois rentes de *cinq mille francs* chacune, dont il a réglé l'emploi de la manière suivante :

Dans l'intime persuasion où je suis que la Médecine n'avancera réellement qu'autant qu'on saura la Physiologie, je laisse cinq mille francs de rente perpétuelle à l'Académie des Sciences, en priant ce corps savant de vouloir bien distribuer, de deux ans en deux ans, à dater de mon décès, un prix de dix mille francs à l'auteur de l'Ouvrage qui aura le plus contribué aux progrès de la Physiologie. Les étrangers pourront concourir....

Je confirme toutes les dispositions qui précèdent ; mais, outre la somme de cinq mille francs de rente perpétuelle que j'ai laissée à l'Académie des Sciences de Paris pour fonder un prix de Physiologie, que je maintiens ainsi qu'il est dit ci-dessus, je laisse encore à la même Académie des Sciences deux sommes de cinq mille francs de rente perpétuelle, libres de tous frais d'enregistrement ou autres, destinées à fonder deux autres prix, l'un pour le meilleur travail sur la Physique, l'autre pour le meilleur travail sur la Chimie. Ces deux prix seront, comme celui de Physiologie, distribués tous les deux ans, à perpétuité, à dater de mon décès, et seront aussi de dix mille francs chacun. Les étrangers pourront concourir. Ces sommes ne seront pas partageables et seront données en totalité aux auteurs qui en auront été jugés dignes. Je provoque ainsi, par la fondation assez importante de ces trois prix, en Europe et peut-être ailleurs, une série continue de recherches sur les sciences naturelles, qui sont la base la moins équivoque de tout savoir humain, et, en même temps, je pense que le jugement et la distribution de ces récompenses par l'Académie des Sciences de Paris seront un titre de plus, pour ce corps illustre, au respect et à l'estime dont il jouit dans le monde entier. Si ces prix ne sont pas obtenus par des Français, au moins ils seront distribués par des Français et par le premier corps savant de France.

Un décret en date du 27 décembre 1869 a autorisé l'Académie à accepter cette fondation.

Les trois prix Lacaze ont été proposés, la première fois, pour l'année 1873.

LAURÉATS.

Prix de Physiologie.

1873. MAREY (Étienne-Jules)	Prix			10000
1875. CHAUVEAU (J.-B.-A.)		»		10000
1877. DARESTE (Camille)		»		10000
1879. DAVAINE (C.)		»		10000

M. — *Prix.* 20

Prix fondé par Mme Delalande-Guérineau.

Par son testament en date du 17 août 1872, Mme Delalande-Guérineau léguait à l'Académie une somme de *vingt mille francs*, dont les intérêts devaient être employés, tous les deux ans, à la « fondation d'un prix à décerner au voyageur français ou au savant qui, l'un ou l'autre, aurait rendu le plus de services à la France ou à la Science ».

La fondatrice ayant excédé, par suite de ses libéralités, la quotité dont elle pouvait disposer, le legs fait à l'Académie a été réduit, d'accord avec les héritiers, à *dix mille cinq francs*.

Un décret en date du 25 décembre 1873 ayant autorisé son acceptation, le prix Delalande-Guérineau a été décerné, pour la première fois, dans la séance publique de l'année 1876.

LAURÉATS.

		fr
1876. Filhol (Henri)	} Prix partagé	1000
Vélain (Charles)		
1878. Savorgnan de Brazza	Prix	1000
1880. Dupuis (Jean)	»	1000

Prix d'Astronomie fondé par Mme Valz.

Par un acte en date du 17 juin 1874, Mme Vve Valz faisait donation à l'Académie des Sciences d'une somme de *dix mille francs*, destinée à fonder un prix qui prendrait la qualification de *prix Benjamin Valz* et qui serait « décerné à des travaux conformément au prix Lalande ».

Un décret du 29 janvier 1874 a autorisé l'Académie à accepter ce legs. Elle a proposé de le décerner pour la première fois, dans sa séance publique de l'année 1877, « aux meilleures Cartes destinées à faciliter les recherches des petites planètes ».

La valeur du prix Valz est de *quatre cent soixante francs*.

Depuis l'année 1877, l'Académie a renoncé à proposer des questions spéciales pour ce prix ; elle le décerne, « conformément au prix Lalande », aux travaux les plus importants ou aux plus grandes découvertes qui se sont produits dans l'année.

elle a, en conséquence, proposé pour sujet du premier prix, qu'elle a décerné dans sa séance publique de l'année 1880, la question suivante :

Étudier les mouvements d'exhaussement et d'abaissement qui se sont produits sur le littoral océanique de la France, de Dunkerque à la Bidassoa, depuis l'époque romaine jusqu'à nos jours ;

Rattacher à ces mouvements les faits de même nature qui ont pu être constatés dans l'intérieur des terres ;

Grouper et discuter les renseignements historiques en les contrôlant par une étude faite sur les lieux ;

Rechercher entre autres, avec soin, tous les repères qui auraient pu être placés à diverses époques, de manière à contrôler les mouvements passés et servir à déterminer les mouvements de l'avenir.

LAURÉATS.

1880. *Étudier les mouvements d'exhaussement et d'abaissement qui se sont produits sur le littoral océanique de la France, de Dunkerque à la Bidassoa, depuis l'époque romaine jusqu'à nos jours, etc.*

Chèvremont (Alexandre).	Encouragement.....	500fr
Delage.	»	500fr

Prix fondé par M. Herpin.

Par son testament en date du 17 janvier 1872, M. Herpin (de Metz), docteur en Médecine, léguait à l'Académie des Sciences un titre de *cinq cents francs* de rente nominale annuelle, laquelle rente devait être employée à la fondation d'un prix quatriennal « pour des études et des recherches physiques, physiologiques et thérapeutiques sur la nature, le mode de développement et d'action des germes organisés vivants, qui, répandus dans l'atmosphère et transportés par cette voie dans le corps de l'homme et des animaux, s'y développent, soit comme parasites végétaux ou animaux, ou, réagissant comme toxiques, donnent lieu à certaines maladies..... »

A la suite des observations qui lui ont été présentées par les légataires de M. Herpin, l'Académie a renoncé à ce legs dans sa séance du 8 février 1875.

Prix fondé par M. Ponti.

Le 20 juillet 1874, l'Académie recevait, par l'entremise du Ministre de l'Instruction publique, un testament fait à Milan par M. Jérôme Ponti, le 5 janvier 1856. De ce testament nous extrayons ce qui suit :

Prix de Physiologie, fondé par M. Pourat.

M. M.-A. Pourat, par son testament en date du 20 juin 1876, a légué à l'Académie la nue propriété d'un titre de *deux mille francs* 5 pour 100 sur l'État français, dont les arrérages doivent être affectés, après extinction de l'usufruit, à la « fondation d'un prix annuel à décerner sur une question de Physiologie ».

Un décret du 29 octobre 1877 a autorisé l'acceptation de ce legs.

L'Académie n'est pas encore entrée en possession du legs Pourat.

Prix da Gama Machado.

Par un testament du 12 mai 1852, M. le commandeur J.-J. da Gama Machado léguait une somme de *vingt mille francs*, qui devait servir à faire une seconde édition de sa *Théorie des ressemblances* et à fonder un prix pour récompenser les meilleurs Mémoires écrits sur la coloration de la robe des animaux, inclusivement l'homme, et sur la semence dans le règne animal.

Les légataires de M. da Gama Machado ayant accepté de se charger de la réimpression de son œuvre, le legs fut réduit d'un commun accord à la somme de *dix mille francs* pour l'Académie.

Un décret en date du 19 juillet 1878 a autorisé cette fondation.

L'Académie a proposé de décerner le prix da Gama Machado à partir de l'année 1882 « aux meilleurs Mémoires sur les parties colorées du système tégumentaire des animaux ou sur la matière fécondante des êtres animés ».

Le prix, d'une valeur de *douze cents francs*, sera décerné tous les trois ans, s'il y a lieu.

Prix Boudet.

Par un acte notarié en date du 5 juillet 1878, Mme Vve Boudet et ses fils ont fait donation à l'Académie des Sciences d'une somme de *six mille francs*, dont l'emploi, conformément aux intentions exprimées par feu M. Félix Boudet, membre de l'Académie de Médecine, aura lieu de la manière suivante :

Les travaux de M. Pasteur, dit M. Boudet, ont ouvert à la Médecine des voies nou-

fonder un prix annuel qui sera successivement décerné par les cinq Académies « au travail le plus méritant, relevant de chaque classe de l'Institut, qui se sera produit pendant une période de cinq ans ».

Le prix J. Reynaud, dit la fondatrice, ira toujours à une œuvre originale, élevée et ayant un caractère d'invention et de nouveauté.

Les membres de l'Institut ne seront pas écartés du concours.

Le prix sera toujours décerné intégralement ; dans le cas où aucun Ouvrage ne semblerait digne de le mériter entièrement, sa valeur sera délivrée à quelque grande infortune scientifique, littéraire ou artistique.

Un décret en date du 25 mars 1879 ayant autorisé l'Institut à accepter cette généreuse donation, l'Académie des Sciences a proposé de décerner le prix Jean Reynaud pour la première fois, en ce qui la concerne, dans sa séance publique de l'année 1881.

Prix Jérôme Ponti.

M. le chevalier André Ponti, désirant perpétuer le souvenir de son frère Jérôme Ponti, a fait donation, par acte notarié du 11 janvier 1879, d'une somme de *soixante mille lires* italiennes, dont les intérêts devront être employés par l'Académie « selon qu'elle le jugera le plus à propos pour encourager les sciences et aider à leur progrès ».

Un décret en date du 15 avril 1879 ayant autorisé l'Académie des Sciences à accepter cette donation, elle a décidé qu'elle décernerait le prix Jérôme Ponti, tous les deux ans, à partir de l'année 1882.

Ce prix, de la valeur de *trois mille cinq cents francs*, devra être accordé « à l'auteur d'un travail scientifique dont la continuation ou le développement seront jugés importants pour la Science. »

Ainsi qu'on le voit, l'Académie des Sciences est riche ; malgré la conversion du 5 pour 100 en $4\frac{1}{2}$, en 1852, malgré celle du $4\frac{1}{2}$ en 3 pour 100 en 1862, elle possède actuellement *cent seize mille soixante-deux francs* de rentes. C'est une grande fortune, sans doute, mais cette fortune n'est qu'un dépôt dont elle a la garde, dont elle est seule à ne pas pouvoir disposer et dont la gestion, très onéreuse par les publications de tout genre qu'elle entraîne, absorbe au contraire le plus clair de ses ressources.

Si l'on songe aux Académies étrangères, celles d'Angleterre et d'Amérique, par exemple, si généreusement dotées par l'initiative privée et mises

TABLE ALPHABÉTIQUE

DES NOMS CITÉS DANS CET OUVRAGE.

A

Abeille, 107, 110.
Abel, 58.
Achard (Aug.), 119.
Achard, 132.
Adam, 120.
Ader (Clément), 154.
Agassiz (Alexandre), 149.
Agassiz (Louis), 90, 129.
Aiguillon (duc d'), 33.
Airy (G.-B.), 67.
Ajasson de Grandsagne, 118.
Alary, 50.
Albert (J.-A.), 77.
Aldini (chevalier), 118.
Alembert (d'), 4, 23, 24, 36, 38, 41.
Alhumbert (A.-J.), 87.
Amelot, 40.
Amiot (H.-J.), 127.
Amoros (colonel), 118.
Amussat (J.-Z.), 102, 102, 102, 104, 104, 104, 105.
Andral, 131.
André (Ch.), 69, 140.
Andrews (Th.), 63.
Anger (Benjamin), 110.
Angivilliers (comte d'), 43.

Anglada, 84.
Angot, notaire, 13, 14.
Anhesley, 103.
Anonymes, 17, 17, 18, 18, 18, 19, 19, 19, 20, 21, 21, 22, 23, 36, 42, 42, 44, 48, 49, 57, 58, 58, 59, 60, 61, 61, 61, 61, 77, 82, 86, 87, 94, 117, 122, 158.
Arago (F.), 10, 76, 94, 130, 131.
Aran (F.-A.), 107.
Ardissone (Fr.), 145.
Arloing, 92, 92.
Armand, 112.
Armieux, 135.
Armingaud, 113.
Arnaud, 119.
Arnoux, 93.
Arondeau, 85.
Arsandeaux, 21.
Arson, 94.
Athenas (P.), 93.
Audigé, 114.
Audouard, 102, 105.
Audouin, 89.
Aupick, 84.
Azam, 114.

Bertrand (J.), 11, 125, 126.
Bertrand (Hector), 86.
Bertrand (C.-E.), 124, 124.
Bescherelle (E.), 144.
Bessel (F.-W.), 67, 67.
Beunie (J.-B. de), 36.
Bibra, 105.
Bicquilley, 22.
Bignon (abbé), 15.
Bigot de Morogues. *Voir* Morogues (baron Bigot de).
Billod (E.), 109, 118.
Biot, 70.
Birckel, 120.
Bischoff (Th.-L.-G.), 90.
Bishop (John), 62, 62, 63.
Blache, 111.
Blanchard (E.), 107.
Blanchet (A.), 86.
Blandet, 105.
Block (Maurice), 85, 86.
Blondel, 85.
Blondin de Brutelette, 148.
Blondlot, 90, 106, 111.
Bobierre, 85.
Bobœuf, 119.
Bochefontaine, 114.
Boeck (W.), 107.
Boguslawski, 67.
Boileau (P.-P.), 93.
Boinet, 106, 106, 108.
Bois de Loury, 105.
Bonaparte. *Voir* Napoléon 1er.
Bonaparte (Louis), 76.
Bonelli, 132.
Bonnafont, 112.
Bonnange (F.), 87.
Bonnefoy (M.-P.), 127.
Bonnet (Ossian), 59.
Bonnet, 105.
Bonnet, 145.
Bonnier (Gaston), 92.
Bontemps, 86.
Borda, 43, 44, 44, 44, 65.
Bordin (C.-L.), 121.
Borelly, 69.

Borius (Dr A.), 86, 87.
Bornet (Ed.), 144, 144, 144.
Bory, 44.
Bosc, 82.
Boscovich (le P.), 20.
Bosc d'Antic, 24.
Bosio (baron), 101, 102.
Bossey (A.-A.), 126.
Bossut (abbé), 20, 21, 21, 36, 43, 44, 65.
Bottin, 84.
Bouchard, 111, 118.
Bouchardat (G.), 139.
Bouchut (E.), 107, 110, 127.
Boudet (Félix), 119, 159.
Boudin, 108.
Bouffé (A.), 119.
Bouguer, 17, 17, 18.
Bouillaud (J.), 103, 104.
Bouisson, 106.
Bouland (Pierre), 112.
Bouley (J.-J.), 135.
Bouquet (J.-P.), 107.
Bouquet de la Grye, 69.
Bour (Edm.), 59, 60, 126.
Bourdé de Villehuet, 21.
Bourdillat, 112.
Bourdon (Is.), 89, 105.
Bourdon (Hip.), 110.
Bourgeois, 26.
Bourgery, 104, 106.
Bourgogne fils, 135.
Bourgoin (Edme), 139.
Bourgois, 121, 121.
Bourguignon, 105, 107, 108.
Bourrel, 112.
Bousquet, 103, 104, 117, 117.
Boussinesq (J.), 151.
Boutigny (d'Évreux), 119.
Boutiron (H.-J.-B.-X.), 127.
Boutmy, 120.
Boutron-Charlard, 85, 119.
Boutteville (de), 85.
Bouvard (A.), 56.
Bouvier, 117.
Boyer (L.), 105.
Boyer (Ph.), 105.

Cazin (A.), 140.
Cézard (St.), 113.
Chabert, 44.
Chacornac, 68, 68, 68, 68, 68, 68, 68.
Chalette père, 84.
Chambon-Lacroisade, 119.
Chameroy, 119.
Champagny, 70, 76.
Champion (Maurice), 86, 86.
Chantran (S.), 92, 120.
Chantre, 124.
Chaptal, 76.
Chapu, 137.
Charbonnier, 93.
Charcot (J.-M.), 114.
Charles, 75, 75, 76, 94.
Charles IV d'Espagne, 64.
Charpentier (J. de), 83.
Charpillon, 86.
Charrière (J.), 104, 120.
Charton (Ch.), 85.
Chassagny, 111.
Chassaignac, 110.
Chastellux (de), 48.
Chastellux (de), 86.
Chatin (Joannès), 114, 141.
Chauchot, 20.
Chaumont, 119.
Chaussenot aîné, 119.
Chaussier (F.-B.-S.), 77, 151.
Chauveau (J.-B.-A.), 91, 91, 110, 111, 135, 153.
Chazel (Alissan de), 100.
Chenu (Dr), 86, 86, 86.
Chéron (J.), 91, 92.
Chervin, 102, 104.
Chevallier (Me), avocat de l'Académie, 3, 15.
Chevallier (A.), 105, 107.
Chevrand, 36.
Chèvremont (Alex.), 157.
Chevreul, 130.
Choiseul (duchesse de), 33.
Chossat (Ch.), 89, 90.
Christian, 83.
Chuard, 119, 119.

Civiale (J.), 102, 102, 102.
Claparède (Ed.), 63.
Clark, 68.
Clermont (de), 139.
Clias, 105.
Cloez (St.), 139, 139, 139.
Cloquet (Jules), 88, 89.
Codazzi (D.), 59.
Coggia, 69.
Cohn, 109.
Coignet, 93.
Coindet, 102.
Colbert (marquise de), 125, 126.
Colin (G.), 91, 91, 92, 108, 111, 135.
Colin (Léon), 111, 114.
Colladon (D.), 58, 93.
Collard de Martigny, 90.
Collignon, 146.
Collin, 86.
Collineau, 110.
Colombat (de l'Isère), 103.
Colombe (F.), 108.
Colson, 105.
Commenge (O.), 111.
Condorcet (de), 1, 2, 36, 37, 42, 44, 47, 50.
Constant, 103.
Constantin, 120.
Cordier, 93.
Coriolis, 146.
Corliss (G.-H.), 94.
Cornil, 110, 111.
Cornu (Max.), 64, 144.
Cornu (Alfred), 154.
Cornut (E.), 94.
Corvisart (J.-N.), 77.
Corvisart (L.), 107.
Costallat, 103, 109, 118.
Coste (V.), 11, 90, 91.
Cottard (J.), 111.
Coulomb, 6, 22, 22, 43, 44, 70.
Coullard-Descos, 126.
Courtois, 102.
Courty (A.), 110, 111.
Cousin, 65.
Coutaret, 141.
Couty (Louis), 113.

Desmazières, 143.
Desmoulins (A.), 89, 89.
Desormeaux, 110.
Després (Arm.), 110, 112, 113.
Despretz (M.-C.), 61.
Dessaignes, 61, 139.
Desains (Ed.), 59.
Devergie (Alph.), 104.
D'Hubert, 120.
Didion (général) 58.
Dieffenbach, 103, 104.
Dieu, 142.
Dieulafoy, 112.
Dijon, 34.
Dippel (Léopold), 123.
Dislère, 87.
Dolbeau, 109.
Donati, 68.
Donné (Alph.), 90, 104, 105.
Dortous de Mairan. *Voir* Mairan (Dortous de).
Double (F.-J.), 77, 115.
Dougados (F.-J.-C.), 127.
Douvillé, 127.
Doyère (L.), 119, 134, 134.
Dransy, 42.
Dubois (Ed.), 126.
Dubrena, 84.
Dubois (d'Amiens), 90.
Duboué, 135.
Dubuc (de Rouen), 118.
Duchanoy, 77.
Du Chatelet (marquise), 19.
Duchattelier, 84.
Duchemin (colonel) 58, 58.
Duchenne (de Boulogne), 106, 132, 132.
Duclaux, 152.
Duclout (L.), 111.
Ducos (Th.), 121.

Dufau, 84.
Duffaud, 85.
Dufour (Léon), 89, 90, 90, 90, 90, 91, 91, 129.
Dugès, 88.
Duhamel (J.-B.), 9.
Duhamel fils, 37.
Dujardin-Beaumetz, 114.
Dukerley, 134.
Dulong (P.-L.), 11, 61.
Dumas (J.-B.), 11, 26, 89, 125, 126, 131, 133.
Dumas, 62.
Dumas (A.), 119.
Duméril (Aug.), 106.
Duméril (A.-M.-C.), 131.
Dumery, 119.
Dumont (G.), 108.
Dunlop, 67.
Duperrey, 130.
Dupin (baron), 83, 120.
Duplay, 96.
Duplay, 108.
Duplessis, 83.
Dupré (Ath.), 59, 123.
Dupuis (Jean), 155.
Dupuy de Lôme, 121, 121.
Duquesnel, 141.
Durand-Fardel, 108.
Duret, 92.
Duroy, 109.
Duséjour (Dionis), 44.
Dusgate (A.-R.), 156.
Dutour, 19.
Dutrochet (R.-J.-H.), 88, 89, 89.
Dutrouleau, 109.
Duval (Amaury), 66.
Duval (V.), 104.

E

Ébrard (E.), 86.
Edwards (Alph.-Milne), 64, 124.
Edwards (Henri-Milne), 89, 89, 89.

Ehrenberg (C.-G.), 90, 129.
Élie de Beaumont, 11, 125, 130.
Élisabeth (Mme), 95, 100.

Franchot (C.-L.-F.), 93.
Franck (François), 92, 113, 113, 114.
Franklin, 69.
Fraser (Th.), 141.
Fréminville (de), 147.
Frerichs, 109.
Fresnel (Augustin), 57, 57, 146.
Freycinet (C. de), 120.

Friedel (Ch.), 139, 139, 154.
Frisch (pasteur), 30.
Frisi (le P.), 20, 20.
Froment, 132, 132.
Fuss, 22.
Fuster, 104.
Fusz (P.), 118.

G

Gairal, 114.
Gal (H.), 139.
Galibert (A.), 120, 120, 120.
Galippe (V.), 141.
Galitzin (princesse), 130.
Galle, 67, 67.
Gallois, 108, 110.
Gallois, 141.
Galond, 40.
Galtier, 108.
Galy-Cazalat, 93.
Gambart (J.-F.-A.), 67, 67, 67, 67.
Gambey, 67.
Gannal père, 103, 118, 118.
Garcin (Mlle C.), 120.
Gariel, 106.
Gaspard (B.), 89,
Gasparis (de), 68, 68, 68, 68, 68.
Gaudichaud, 90.
Gaudin (M.-A.), 140, 140.
Gaugain (J.-M.), 152, 152, 152, 152, 152, 152, 152.
Gauss (Fr.), 67.
Gauthier, 84.
Gauthier-Villars, 126.
Gautier, 21.
Gautier (A.), 139.
Gay (J.-B.), 126.
Gay (Claude), 156.
Gay-Lussac, 70, 70.
Gaymard (Émile), 85.
Gaymard, 103.
Gayon (U.), 113.
Gayot, 85.

Gegner (J.-L.), 152.
Gendrin, 102, 117.
Genreau (P.), 127.
Gensoul, 103.
Genty de Bussy, 84.
Gerando (baron de), 128.
Gérardin, 103.
Gérardin (Aug.), 120.
Gerbe (Z.), 91, 92, 149.
Gerhardt (Charles), 138.
Gerlach (Guillaume), 22.
Germain (Sophie), 57, 57.
Gervais (Paul), 63.
Géry père, 134.
Gheist, 105.
Giffard (H.), 93.
Gimbert, 110, 112.
Giraldès, 107, 107, 108.
Girard, 43.
Girard, 146.
Girard, 93.
Girard (Aimé), 139.
Girard de Cailleux, 86.
Giraudeau, notaire, 28.
Giraudet (D^r), 85.
Giraud-Teulon, 108.
Gluge, 106.
Gmelin, 61, 89.
Godard (Er.), 108, 108, 142.
Godron (D.-A.), 64.
Goldenberg (G.), 120.
Goldschmidt (Hermann), 68, 68, 68, 68, 68, 68, 68, 68.
Gondouin-Desluais, 43, 44.

Herpin (de Genève), 106.
Herpin, 119.
Herpin (de Metz), 157.
Herrgott (A.), 112, 142.
Herrgott (F.-J.), 113.
Herschel (F.-Wilhelm), 6, 7, 50, 51.
Herschel (John-F.-William), 57, 67, 67.
Hétet, 120.
Heurteloup (baron), 102, 102, 103.
Heuzé (G.), 87.
Heyne jeune, 90.
Heyne (Bernard), 104.
Hiffelsheim, 108.
Hillairet, 109, 113.
Hind (John-R.), 67, 68, 68, 68, 68, 68.
Hirschfeld (Lud.), 106.
Hoffmann (H.), 144.
Hofmann (A.-W.), 139.
Hollard (H.), 64, 91.

Honoré, 93.
Houël, 125.
Houzeau (A.), 139.
Houzeau-Muiron, 118.
Hubbard (Gustave), 85.
Huette (Charles), 134.
Huggins, 69.
Hugues, 132.
Huguier, 106, 109, 141.
Hulin, 30.
Humbert, 103.
Humbold, 94.
Hureau de Villeneuve (A.), 60.
Hurteaux (A.), 106.
Husnot, 144.
Huss (Magnus), 107.
Husson (Arm.), 85, 85.
Huzard, 82.
Hyrtl, 91, 142.

I-J

Issel (A.), 145.
Jaccoud, 111.
Jachnichen, 103.
Jackson, 105.
Jacob, 104.
Jacob, 106.
Jacobi, 58.
Jacobson, 90, 103.
Jacquart (H.), 108, 109, 110.
Jacquelain (V.-A.), 152.
Jacquin, 126.
Jacubowitsch (N.), 91.
James (Constantin), 103.
Janssen, 69, 122.
Jarrin, 119.
Jayet, 93.
Jecker, 138.
Jenker (W.), 123.

Jobert (de Lamballe), 91, 102, 104, 105,
  158.
Jolly, 113.
Jolly (J.), 142.
Joiy (Émile), 145.
Jolyet (F.), 92.
Jonquières (E. de), 59.
Jordan (C.), 59, 151.
Josat, 106.
Josse (F.-T.), 131.
Joulin, 110.
Jousset (de Bellesme), 112, 145.
Jullien, 84.
Jullien (Louis), 114.
Jungfleisch, 139.
Junod (T.), 104, 109, 111.
Jurien de la Gravière, 121.
Jurine (de Genève), 77.

K

Kertanguy (de), 86.
Key, 114.

Knoch (J.), 91, 92, 111.
Kœlliker, 106.

Lecoq de Boisbaudran, 123, 154.
Lecorché, 114.
Ledieu (A.), 121, 121.
Ledouble, 142.
Lefebvre (L.), 112.
Lefèvre-Gineau, 10.
Le Fort (Léon), 86.
Lefort (J.), 109, 112.
Lefoulon, 108.
Lefranc, 141.
Le Gallois (Eug.), 90.
Legendre, 65.
Legendre (E.), 105, 108, 108, 109.
Léger (Henri), 142.
Legouest, 113.
Legouvé, 65.
Legoyt, 84.
Legrand du Saulle, 110, 112, 114, 152.
Legros (Ch.), 118, 134, 142.
Leguin, 49.
Lehmann, 107.
Lelièvre, 75.
L'Hôte (L.), 152.
Lemaire (Jules), 110.
Lemattre (Gustave), 110.
Lembert aîné, 104.
Lemoine (V.), 64.
Lemonnier, 36.
Lemonnier (G.), 144.
Lenhossek (J. de), 91.
Lenoir, 120.
Lepage (H.), 85.
Lepage, 141.
Lépine (Jules), 141.
Le Play, 85.
Lepreux, 77.
Lereboullet, 62, 63, 88.
Leroux, 103.
Leroux, 77.
Le Roux (F.-P.), 140, 154.
Lerouxeau de Saint-Dridan (L.-M.), 126.
Le Roy, 21, 21, 26.
Leroy d'Étiolles (J.), 102, 102, 102, 102.
Lesbros (colonel) 93.
Lespès (Ch.), 91.
Lespès, 145.

Lesser, 68.
Letestu, 93.
Létiévant, 112.
Leuduger-Fortmorel, 144.
Leuret, 61.
Leven (M.), 110, 114, 141.
Lévy (A.-M.), 127.
Lévy (Maurice), 146, 151.
Libaude, 27.
Lieberkuhn (N.), 63.
Lindenau (baron), 67.
Lindsay, 134.
Linguet, 32.
Liouville (H.), 110, 112.
Lippi (Régulus), 89.
Lisle (E.), 112,
Lissajous (J.-A.), 154.
Lister (J.), 160.
Loir (J.-N.), 107.
Loiseau, 130.
Longcôté, 119.
Longet (F.-A.), 90, 104.
Lorain (P.), 134.
Lorgna, 36.
Lortet, 144.
Loua (T.), 86, 87.
Louis, 102, 102.
Louis XV, 4, 26.
Louis XVI, 4, 34, 36, 39, 43.
Louis XVIII, 79, 82.
Louis-Philippe Ier, 120.
Louvel, 120.
Luca (de), 108.
Lucas (Félix), 86.
Lucas (Pr.), 106.
Lucotte, 44.
Ludot, 19.
Lugol, 102.
Lunier (L.), 112, 112.
Luschka (H.), 109, 111.
Luther (Robert), 68, 68, 68, 68, 68, 68.
Luther (de Blick), 68.
Luton, 113.
Luynes (de), 139.
Luys (Jules), 109, 109, 110, 112.

Mayençon, 112, 113.
Mayer, 62, 62.
Mayet, 113.
Mayor, 103.
Mazière, 17.
Méchain, 22.
Mège-Mouriès, 106.
Mégnié (*écrit par erreur* Magnier), 34, 39.
Mégnin (J.-P.), 113, 145.
Méhay, 92.
Méhu (C.), 112.
Melsens (Louis), 119, 120.
Mérat (F.-V.), 103, 103.
Mercier, 104.
Mercier (Aug.), 106.
Meslay (Rouillé de), 3, 4, 6, 13, 15, 16, 52.
Meslay fils (Rouillé de), 3, 14.
Mesnet, 134.
Mestre du Rivas (de), 50.
Meunier (St.), 69.
Meurgey (A.-E.-S.-P.), 126.
Meyen, 90.
Meyer, 93.
Meynet, 110.
Mialhe, 92.
Middeldorpf, 108.
Miersch (Carl), 121.
Mignot, 106, 109.
Mignot de Montigny, 4, 6, 40, 52.
Millet, 110.
Mirault (d'Angers), 104.
Mirault (G.), 141.
Mittdelsdorff, 132, 132.
Mohl (Hugo), 90.
Moll, 121, 121.
Molon (de), 129.

Moncocq, 112.
Monge, 43, 75.
Monneret, 106.
Monoyer, 112.
Montagne, 147.
Montault, 103, 117.
Montgolfier, 39, 75.
Montméja, 112.
Montyon (Auget, baron de), 3, 4, 6, 38, 41, 42, 52, 52, 52, 83, 88, 93, 95, 96, 97, 98, 99, 100, 101, 117.
Morache (G.), 113.
Morand père, 29.
Morat, 92.
Moreau (Ar.), 91.
Moreau (de Tours), 105.
Moreau de Jonnès (A.), 83, 85.
Morel, 107, 108.
Morel-Lavallée, 105, 105, 106, 107, 110.
Morelot, 84.
Moride, 85.
Morin (général), 58, 93.
Morogues (baron Bigot de), 84, 129.
Morton, 105.
Mouchez (E.), 69.
Moura, 92, 110.
Mourcou (A.), 120.
Moutard (Théodore), 151.
Mulhouse (Société industrielle de), 84.
Muller, 60.
Muller (A.), 90, 91.
Muller (J.), 129.
Mulot, 66.
Mulot, 118.
Muntz, 144.
Murchison (sir R.-J.), 129.

N

Namias (H.), 118.
Napoléon Ier, 55, 56, 69, 70, 71, 72, 73, 74, 76, 79.
Napoléon III, 76, 116, 131, 135, 136, 149.
Napoléon (Charles), 76.
Naudin (Ch.), 64.

Navier, 146.
Négrier (d'Angers), 90, 108.
Nepveu (G.), 114.
Netter (A.), 135.
Neveu-Derotrie (E.), 85.
Nicaise, 134.

23

Piazzi (G.), 66, 67.
Pibrac (de), 82.
Pichot, 122.
Picot (J.), 113.
Piédagnel, 117.
Pierre (J.-Is.), 85.
Pietra-Santa (P. de), 108, 109.
Pihet (Eug.), 119.
Pimont (P.), 120, 120.
Pinel (Ph.), 77.
Pinel (Scipion), 103, 103.
Piobert (général), 58.
Piorry (P.-A.), 102, 104, 105, 109.
Piot, 126.
Pixii fils, 93.
Plana (baron), 57, 57, 67.
Planchon, 141.
Planté (Gaston), 132.
Plumey (J.-B.-M.), 146.
Pogson, 68.
Poincaré (H.), 60.
Poincaré (Léon), 113.
Poiseuille (L.), 89, 90, 90, 105, 109.
Poisson (S.-D.), 67.
Poitevin (A.), 140.
Polaillon, 111, 112.
Poleni (marquis), 18, 18, 19.
Polignac (cardinal de), 15.
Poly, 86.
Poncelet (J.-V.), 93, 150.

Poncelet (Mᵐᵉ P.), 150.
Poncet (F.), 113, 114.
Pond (John), 67.
Pons, 67, 67, 67.
Pontécoulant (G. de), 58.
Ponti (André), 161.
Ponti (Jérôme), 157, 161.
Pontis (de), 19.
Porak, 114.
Porta, 105.
Portal, 77.
Potiquet (A.), 86.
Pouchet (F.-A.), 90.
Pouchet (Georges), 92, 149.
Poudra, 59.
Poulet (V.), 86.
Poumet (J.), 105.
Pourat (M.-A.), 159.
Pravaz (Ch.), 105, 106.
Prévost, 89.
Prévost (J.-L.), 111.
Proeschel (F.), 134.
Prony (R. de), 10, 75, 75, 76, 146.
Proust (A.), 114.
Proust, 135.
Puech (Albert), 87, 142.
Puiseux, 125.
Purkinje (Jean), 90.
Puvis (A.), 84.
Pyot, 84.

Q

Quatremère d'Isjonval, 35, 37.
Quélet (L.), 144.
Quénot, 83.

Quesnoy, 86.
Quet, 59.
Quinquaud (E.), 141.

R

Rabenhorst (L.), 144.
Rabuteau, 141.
Raciborski (A.), 90, 111.
Rafn, 60.
Ragueneau de la Chainaye, 128.

Ragut, 84.
Raimbert (L.-A.), 109, 111, 113.
Rambosson (J.), 86, 114.
Rambuteau (comte de), 101.
Rathke, 90.

S

Sabatier, 75.
Sabatier (Arm.), 92.
Sabine (capitaine), 67.
Sabran (comtesse de), 40.
Sacc, 63.
Sagebien, 149.
Sahuqué (Ad.), 63.
Saint-Cyr (F. de), 111, 113.
Saint-Florentin, 24, 27.
Saint-Genis (de), 86, 87.
Saint-Martin (de), 86.
Saint-Pierre (C.), 86, 111.
Saissy, 61.
Salathé, 114.
Salle (J.-B.-V.), 113.
Salmon, 118.
Sandras (S.), 106.
Sanné (A.), 114.
Sanson (André), 92, 113.
Sappey (C.), 91, 91, 109, 110, 112, 114.
Saron (de), 40.
Sartine (de), 4, 25.
Saurin, 15.
Sarazin, 111.
Sarrus, 58.
Sauvage (L.-A.-E.), 127.
Savart (F.), 57.
Savatier, 62.
Savigny (Le Lorgne de), 144.
Savigny (Mlle Letellier de), 144.
Savorgnan de Brazza, 155.
Say (Horace), 85.
Say (Léon), 85.
Schiaparelli, 69.
Schiff (M.), 107.
Schiödte (J.-C.), 145.
Schlemm (Fr.), 62.
Schmidt (Jules), 156.
Schneff, 109.
Schnepp, 110.
Schnitzler, 85.
Schrœtter, 119.

Schulhof, 154.
Schultz, 62.
Schultze (Max.), 111.
Schutzenberger, 139.
Scoutetten, 103.
Searle, 68.
Sédillot (Ch.-Em.), 104, 118.
Seebeck, 57.
Ségalas, 103, 104.
Segond (Paul), 142.
Serre (Marcel de). Voir Marcel de Serre.
Serre (d'Alais), 103.
Serre (d'Uzès), 106.
Serres (E.-R.-A.), 61, 89, 115, 116, 149.
Serrin, 132.
Serrurier, 104, 104.
Serturner, 102.
Sestier, 107.
Seynes (J. de), 144.
Sicard, 64.
Sidot, 140.
Silbermann (H.), 63.
Silvestre, 76, 82, 83.
Simonin, 114.
Simpson, 107.
Siret, 119.
Sirhenry, 103.
Sirodot, 144.
Sistach, 86.
Spheperd, 49.
Sochet, 118.
Société de Gens de Lettres. Voir Guide
    pittoresque du voyageur en France.
Soleil (H.), 122.
Solier, 63.
Sommé, 61.
Sorel, 93, 119.
Souberbielle, 103.
South (J.), 67.
Stahl, 106.
Stannius, 91.
Stanski, 135.

Valentin, 62.
Valessie, 147.
Valleix, 104, 104.
Vallin, 112.
Valz (Benjamin), 67, 155.
Valz (Mme Benjamin), 155.
Van Beneden (G.-J.), 63.
Vandermonde, 44.
Van Swinden, 22.
Van Tieghem (Ph.), 124, 144.
Vanzetti, 110.
Varignon, 15.
Varroy (H.-A.), 126.
Vaublanc, 82.
Vauquelin, 75, 76.
Vayssière (A.), 145.
Vée (Am.), 141.
Vélain (Charles), 155.
Vella (L.), 109.
Velpeau (A.-L.-M.), 89, 90, 117, 131.
Verdeil, 106.
Verneuil, 107, 108.
Vernois (Max.), 106.
Vesque (Julien), 124.
Veyssière, 113.
Viallon, 44.
Vicat, 84, 85.
Vicaire, 123.
Vicaire (J.-M.-H.-E.), 126.
Vico (de), 67.
Vicq (Éloy de), 148, 148.
Vicq d'Azir, 6.
Vidal (de Cassis), 106, 107.
Vieillard, 141.

Viennois, 110.
Vieusseux (de Genève), 77.
Vignier, 120.
Villemain, 98.
Villemin (J.-A.), 110, 111, 111.
Villermé (L.-R.), 89, 103.
Villette, 44.
Villot aîné, 84.
Vimont, 89.
Vinot (J.), 140.
Violle, 123.
Voisin (Aug.), 110, 114.
Voisin (F.-H.), 127.
Vogt, 62.
Volta, 69, 131.
Voltaire, 19, 33.
Vrolik, 106.
Vulpian (A.), 63, 91, 91, 107.
Wagner, 90.
Wagner (Nicolas), 124.
Wailly (de), 65.
Walckenaer (C.-M.), 127.
Walewski, 136.
Waller (A.), 91.
Warren de La Rue, 68.
Watson, 69.
Watteville (de), 85, 85, 85, 85.
Werner, 126.
Willemin (A.), 107.
Windisch-Graetz, 49.
Winnecke, 68.
Woillez (E.-J.), 112.
Worms (Jules), 134.
Wurtz (Ad.), 137, 138, 139.

Y-Z

Yvart, 82.
Yvernès (E.), 87.

Zeiller (C.-R.), 127.
Zenker, 110.

TABLE DES MATIÈRES.

Pages

Avertissement 1

Historique 3

Les Secrétaires de l'Académie des Sciences 9

I. — L'ancienne Académie des Sciences (1714-1793).

Prix fondés par Rouillé de Meslay. Son testament 13

Règlement pour les prix Rouillé de Meslay 15

Le Recueil des pièces qui ont remporté les prix 16

Les questions proposées et les lauréats des prix Rouillé de Meslay 17

Prix offert par le Régent Philippe d'Orléans pour les longitudes 23

Prix sur l'art de la verrerie, offert par un Anonyme 23

Le lauréat du prix sur l'art de la verrerie 24

Le fondateur du prix sur l'art de la verrerie 24

Prix offert par M. de Lauraguais 24

Prix pour l'éclairage des villes, fondé par M. de Sartine 25

Les lauréats du prix pour l'éclairage des villes 26

Prix du flint-glass, donné par Louis XV 26

Le lauréat du prix sur le flint-glass 27

Prix extraordinaires proposés par un Anonyme sur la couleur du poil ou de la plume de certains animaux, et sur la différence qu'il y a entre la paralysie musculaire et la paralysie cutanée 28

Lettre de La Condamine relative à ces prix 31

Prix pour le titre d'ingénieur de l'Académie, donné par Louis XVI 33

Les lauréats du prix pour le titre d'ingénieur de l'Académie 34

Prix sur l'art de la teinture, fondé par une Compagnie anonyme 35

Les lauréats du prix sur l'art de la teinture 35

Prix sur la fabrication du salpêtre, donné par Louis XVI 36

Les lauréats du prix sur la fabrication du salpêtre 36

Prix de Physique, fondé par l'Académie 36

Les questions proposées et les lauréats du prix de Physique 37

Prix pour des expériences ou des gratifications, fondé par un Anonyme (M. de Montyon) 38

Règlement pour ce prix 38

Les lauréats du prix pour des expériences ou des gratifications 39

	Pages
Prix sur le croup, donné par Napoléon 1er	76
Les lauréats du prix sur le croup	77
Prix concernant la dorure sur cuivre, fondé par M. Ravrio	78
Le lauréat du prix Ravrio	78

III. — L'Académie des Sciences (1816-1880).

	Pages
Ordonnance royale du 21 mars 1816, rétablissant les Académies	79
Prix de Chirurgie, offert par M. Delpech	82
Prix offert par un Anonyme pour extraire du lin et du chanvre la plus grande quantité et la meilleure qualité de la matière propre à la filature	82
Prix de Statistique, fondé par un Anonyme (M. de Montyon)	83
Les lauréats du prix de Statistique	83
Prix fondé par M. Alhumbert pour le progrès des Sciences	87
Questions proposées et lauréats du prix Alhumbert	88
Prix de Physiologie expérimentale, fondé par un Anonyme (M. de Montyon)	88
Les lauréats du prix de Physiologie expérimentale	89
Prix de Mécanique fondé par un Anonyme (M. de Montyon)	92
Les lauréats du prix de Mécanique	93
Prix proposé par un Anonyme pour la solution de diverses questions d'électricité	94
Prix de Médecine et de Chirurgie, et prix des Arts insalubres, fondés par M. de Montyon. — Extrait de son testament	95
État de la fortune de M. de Montyon	96
Règlements pour les prix de Médecine et de Chirurgie, et pour le prix des Arts insalubres	97
Pièces relatives à la fondation, projetée par M. de Montyon, d'un prix destiné à l'invention d'instruments propres à suppléer la main-d'œuvre des nègres	97
Lettre de M. Villemain aux Secrétaires perpétuels de l'Académie, relativement aux prix fondés par M. de Montyon	98
Lettre de M. de Montyon concernant ses fondations de prix	99
Exécution du buste de Mme Élisabeth par Bosio. Son inauguration dans la salle des séances publiques de l'Institut	100
Translation des restes de M. de Montyon du cimetière de l'Ouest à l'Hôtel-Dieu de Paris	100
Inauguration de la statue qui lui a été érigée. L'inscription qu'elle porte	101
Translation provisoire des restes de M. de Montyon dans l'église Saint-Julien-le-Pauvre. Inscription placée sur son cercueil	101
Les lauréats des prix de Médecine et de Chirurgie	102
Les questions de grands prix de Médecine et de Chirurgie proposées par l'Académie sur les fonds Montyon	114
Lettre de M. le maréchal Vaillant, au nom de Napoléon III, relativement au prix ayant pour objet la conservation des membres par la conservation du périoste	116
Les lauréats des grands prix de Médecine et de Chirurgie	117
Les lauréats des prix relatifs aux Arts insalubres	118
Prix extraordinaire de 6000fr concernant l'application de la vapeur à la marine militaire, fondé par Louis-Philippe sur la proposition du baron Dupin	120
Décision par laquelle le prix extraordinaire de 6000fr est décerné, depuis 1878, à tout progrès de nature à accroître l'efficacité de nos forces navales	121

Pages

Prix fondé par Mlle Le Tellier de Savigny pour de jeunes zoologistes voyageurs qui s'occupe-
ront des animaux sans vertèbres de l'Égypte et de la Syrie............................ 144
Les lauréats du prix Savigny... 145
Prix fondé par M. F. Thore sur les algues fluviatiles ou marines, les mousses et les lichens,
ou sur les mœurs d'une espèce d'insectes d'Europe................................ 145
Les lauréats du prix Thore.. 145
Prix fondé par M. V. Dalmont pour les ingénieurs des Ponts et Chaussées............ 146
Les lauréats du prix Dalmont.. 146
Prix fondé par M. Plumey pour les progrès de la navigation à vapeur.................... 146
Les lauréats du prix Plumey... 147
Prix de Botanique, fondé par M. Montagne, membre de l'Académie..................... 147
Prix fondés par M. Magnan.. 147
Prix pour le meilleur Ouvrage de Botanique sur le nord de la France, fondé par M. de la
Fons Mélicocq.. 148
Les lauréats du prix de la Fons Mélicocq....................................... 148
Prix de Mécanique appliquée, fondé par M. B. Fourneyron........................... 148
Les questions proposées et les lauréats du prix Fourneyron.......................... 149
Prix offert par M. Guillon pour la guérison des maladies urinaires.................... 149
Prix d'Embryologie générale, fondé par M. Serres, membre de l'Académie............... 149
Les lauréats du prix Serres.. 149
Prix fondé par Mme Poncelet pour le progrès des Mathématiques pures ou appliquées....... 150
Les lauréats du prix Poncelet............. 151
Prix offert par Mme Delalande-Guérineau pour un voyageur français qui aura rendu des ser-
vices à la France ou à la Science... 151
Prix de Médecine légale, fondé par M. F.-B.-S. Chaussier............................ 151
Les lauréats du prix Chaussier................. 152
Prix pour le progrès des sciences positives, fondé par M. J.-L. Gegner................... 152
Les lauréats du prix Gegner... 152
Prix de Physiologie, de Physique et de Chimie, fondés par M. L. Lacaze................. 153
Les lauréats du prix de Physiologie L. Lacaze................................... 153
Les lauréats du prix de Physique L. Lacaze...................................... 154
Les lauréats du prix de Chimie L. Lacaze...................................... 154
Prix fondé par M. le maréchal Vaillant, membre de l'Académie...................... . 154
Les questions proposées et les lauréats du prix Vaillant............................. 154
Prix fondé par Mme Delalande-Guérineau pour un voyageur français qui aura rendu des ser-
vices à la France ou à la Science... 155
Les lauréats du prix Delalande-Guérineau....................................... 155
Prix d'Astronomie fondé par Mme Valz......, ... 155
Les lauréats du prix Valz... 156
Prix fondé par M. Dusgate sur les signes diagnostiques de la mort et sur les moyens de pré-
venir les inhumations précipitées... 156
Les lauréats du prix Dusgate... 156
Prix de Géographie physique, fondé par M. C. Gay, membre de l'Académie.............. 156
La question proposée et les lauréats du prix C. Gay........ 157
Prix fondé par M. Herpin (de Metz) sur le mode de développement et d'action des germes
organisés vivants... 157
Prix divers fondés par M. J. Pontis.. 157
Prix fondé par une Anonyme, en souvenir de Jobert de Lamballe, pour un élève des hôpitaux
de Paris... 158
Prix sur le traitement des maladies urinaires, offert par M. Guillon.................... 158

Envoi franco, contre mandat de poste ou valeur sur Paris, dans tous les pays faisant partie de l'Union postale.

EXTRAIT DU CATALOGUE

DE LA

LIBRAIRIE GAUTHIER-VILLARS,

SUCCESSEUR DE MALLET-BACHELIER,

IMPRIMEUR-LIBRAIRE

Du Bureau des Longitudes; — des Observatoires de Paris, Montsouris, Bordeaux, Marseille, Nice et Toulouse; — du Bureau Central Météorologique; — de l'École Polytechnique; — de l'École Centrale des Arts et Manufactures; — du Dépôt des Fortifications; — de la Société Météorologique; — du Comité international des Poids et Mesures; etc.

ANDRÉ et RAYET, Astronomes adjoints de l'Observatoire de Paris, et **ANGOT,** Professeur de Physique au Lycée Fontanes. — L'Astronomie pratique et les Observatoires en Europe et en Amérique, depuis le milieu du XVIIe siècle jusqu'à nos jours. In-18 jésus, avec belles figures dans le texte et planches en couleur.

   Ire Partie : *Angleterre*; 1874.......... 4 fr. 50 c.
   IIe Partie : *Écosse, Irlande et Colonies anglaises*; 1874................ 4 fr. 50 c.
   IIIe Partie : *Amérique du Nord*; 1877... 4 fr. 50 c.
   IVe Partie : *Amérique du Sud* et Météorologie américaine................ 3 fr.
   Ve Partie : *Italie*; 1878 .... 4 fr. 50 c.

ANNALES SCIENTIFIQUES DE L'ÉCOLE NORMALE SUPÉRIEURE, publiées sous les auspices du Ministre de l'Instruction publique, par un *Comité de Rédaction composé de MM. les Maîtres de Conférences.*

1re Série, 7 volumes in-4, avec figures dans le texte et planches sur cuivre, années 1864 à 1870.   150 fr.

La 2e Série, commencée en 1872, paraît, chaque mois, par numéro contenant 4 à 5 feuilles in-4, avec figures dans le texte et planches.

En outre, les *Annales* font paraître, depuis 1877, suivant les ressources dont dispose le Recueil, des numéros supplémentaires contenant soit des thèses d'un mérite exceptionnel, soit des travaux dont la publication présente un certain caractère d'urgence, et qui ne peuvent trouver place dans les numéros en cours d'impression. Les numéros supplémentaires ont une pagination spéciale et viennent se classer, dans le Volume, à la suite des douze numéros mensuels.

L'abonnement est annuel et part du 1er janvier.

   Prix de l'abonnement pour un an (12 *numéros*) :
Paris.............................. 30 fr.
Départements et Union postale......... 35 fr.
Autres pays....................... 40 fr.

ANNALES DE L'OBSERVATOIRE DE PARIS, fondées par *Le Verrier*, et publiées par M. l'Amiral *Mouchez*, Directeur. Partie théorique, tomes I à XV. In-4, avec planches; 1855-1880.

Les Tomes I à X et les Tomes XII, XIII et XV se vendent séparément.   27 fr.

Le Tome XI (1876) et le Tome XIV (1877) comprennent deux *Parties* qui se vendent séparément. 20 fr.

   In-4 carré; T.

ANNALES DE L'OBSERVATOIRE DE PARIS, fondées par *U.-J. Le Verrier*, et publiées par M. l'Amiral *Mouchez*, directeur. Observations. Tomes I à XXV, années 1800 à 1870; tomes XXIX à XXXIII; années 1874 à 1879. 30 volumes in-4 (en tableaux); 1858 à 1881.

Chaque Volume se vend séparément.   40 fr.

ANNALES DU BUREAU DES LONGITUDES ET DE L'OBSERVATOIRE ASTRONOMIQUE DE MONTSOURIS. Tome I. In-4, avec une planche sur acier donnant la vue de l'Observatoire; 1877.   30 fr.

Création de l'Observatoire astronomique de Montsouris, et publication de ses travaux pour l'année 1876; but de la publication actuelle; plan et position de l'Observatoire; par MM. *Mouchez* et *Lœwy*. — Observations; Réduction des observations de passages faites en 1876 à l'Observatoire de Montsouris. — Éphémérides pour 1878 des étoiles de culmination lunaire et de longitude. — Détermination des ascensions droites des étoiles de culmination lunaire et de longitude; par M. *Lœwy*. — Détermination de la latitude d'un lieu par l'observation d'une hauteur de l'étoile polaire; par M. *Lœwy*. — Tables générales de réduction des observations méridiennes; par M. *Lœwy*.

Le Tome II est *sous presse*.

ANNALES DE L'OBSERVATOIRE ASTRONOMIQUE, MAGNÉTIQUE ET MÉTÉOROLOGIQUE DE TOULOUSE. Tome I, renfermant les travaux exécutés de 1873 à la fin de 1878, sous la direction de M. *F. Tisserand*, ancien Directeur de l'Observatoire de Toulouse, Membre de l'Institut, etc.; publié par M. *Baillaud*, Directeur de l'Observatoire, Doyen de la Faculté des Sciences de Toulouse. In-4, avec planche; 1881. 30 fr.

ANNALES DU BUREAU CENTRAL MÉTÉOROLOGIQUE DE FRANCE, publiées par M. *Mascart*, Directeur.

   I. — Études des orages en France et Mémoires divers.

     Année 1878. Grand in-4, avec 37 pl.; 1879. 15 fr.
     Année 1879. Grand in-4, avec 20 pl.; 1880. 15 fr.

   II. — Bulletin des Observations françaises et Revue climatologique.

     Année 1878. Grand in-4, avec 40 pl.; 1880. 15 fr.
     Année 1879. Grand in-4, avec 41 pl....... 15 fr.

des occultations, à l'usage spécial des officiers de Marine et des astronomes. Publication approuvée par le Bureau des Longitudes, et autorisée par M. le Ministre de la Marine. In-4, avec figures; 1880. 6 fr.

BERTHELOT (M.), Membre de l'Institut, COULIER, Pharmacien principal de l'armée, et D'ALMEIDA, Professeur de Physique au Lycée Henri IV. — Vérification de l'aréomètre de Baumé. In-8; 1873. 2 fr.

BERTHELOT (M.). — Leçons sur les Méthodes générales de synthèse en Chimie organique. In-8; 1864. 8 fr.

BERTRAND (J.), Membre de l'Institut. — Traité de Calcul différentiel et de Calcul intégral.
Calcul différentiel. In-4; 1864............. (Rare.)
Calcul intégral (Intégrales définies et indéfinies). In-4 de 720 p., avec 88 fig. dans le texte; 1870... 30 fr.
Le troisième et dernier Volume, Calcul intégral (Équations différentielles), est sous presse.

BIEHLER, Directeur des Études à l'École préparatoire du Collège Stanislas. — Sur la théorie des Équations. (Thèse d'Algèbre). In-4; 1879. 5 fr.

BIEHLER. — Sur les équations linéaires. In-8; 1880. 1 fr. 25 c.

BILLET, Professeur de Physique à la Faculté des Sciences de Dijon. — Traité d'Optique physique. 2 forts vol. in-8, avec 14 pl. composées de 337 fig.; 1858-1859. 15 fr.

BORDAS-DEMOULIN. — Le Cartésianisme, ou la véritable rénovation des Sciences, Ouvrage couronné par l'Institut; suivi de la Théorie de la substance et de celle de l'infini. 2e édition. In-8; 1874. 8 fr.

BOSET, Professeur de Mathématiques supérieures à l'Athénée royal de Namur. — Traité de Géométrie analytique, précédé des Éléments de la Trigonométrie rectiligne et sphérique. In-8°, avec 322 figures dans le texte; 1878. 12 fr.

BOSET. — Traité élémentaire d'Algèbre. In-8; 1880. 7 fr. 50 c.

BOUCHARLAT (J.-L.). — Théorie des courbes et des surfaces du second ordre, ou Traité complet d'application de l'Algèbre à la Géométrie. 3e édition, revue, corrigée et augmentée de Notes et des Principes de la Trigonométrie rectiligne. In-8, avec pl.; 1875. 8 fr.

BOUCHARLAT (J.-L.). — Éléments de Calcul différentiel et de Calcul intégral. 8e édition, revue et annotée par M. Laurent, Répétiteur à l'École Polytechnique. In-8, avec planches; 1881. 8 fr.

BOUCHARLAT (J.-L.). — Éléments de Mécanique. 4e édition. 1 volume in-8, avec 10 planches; 1861. 8 fr.

BOUR (Edm.), Ingénieur des Mines. — Cours de Mécanique et Machines, professé à l'École Polytechnique :
Cinématique. In-8, avec Atlas de 30 planches in-4 gravées sur cuivre; 1865. 10 fr.
Statique et travail des forces dans les machines à l'état de mouvement uniforme, publié par M. Phillips, Professeur de Mécanique à l'École Polytechnique, avec la collaboration de MM. Collignon et Kretz. In-8, avec Atlas de 8 planches contenant 106 fig.; 1868. 6 fr.
Dynamique et Hydraulique, avec 125 figures dans le texte; 1874. 7 fr. 50 c.

BOURDON, ancien Examinateur d'admission à l'École Polytechnique. — Éléments d'Arithmétique. 36e édit. In-8; 1878. (Adopté par l'Université.) 4 fr.

BOURDON. — Application de l'Algèbre à la Géométrie, comprenant la Géométrie analytique à deux et à trois dimensions. 9e édit., revue et annotée par M. Darboux. In-8, avec pl.; 1880. (Adopté par l'Université.) 9 fr.

BOURDON. Éléments d'Algèbre, avec Notes signées Prouhet. 15e éd. In-8; 1877. (Adopté par l'Univ.) 8 fr.

BOURDON. — Trigonométrie rectiligne et sphérique. 2e éd., revue et annotée par M. Brisse. In-8, avec fig. dans le texte; 1877. (Adopté par l'Université.) 3 fr.

BOUSSINGAULT, Membre de l'Institut. — Agronomie, Chimie agricole et Physiologie. 2e édition. 6 volumes in-8, avec planches sur cuivre et figures dans le texte; 1860-1861-1864-1868-1874-1878. 32 fr.
Chacun des tomes I à IV se vend séparément. 5 fr.
Les tomes V et VI se vendent séparément. 6 fr.

BOUSSINGAULT. — Études sur la transformation du fer en acier par la cémentation. In-8; 1875. 4 fr.

BOUTY, Professeur de Physique au Lycée Saint-Louis. — Théorie des Phénomènes électriques (Théorie du potentiel). In-8, avec figures dans le texte et une planche; 1878. 2 fr. 50 c.

BREITHOF (N.), Professeur à l'Université de Louvain, Membre des Académies royales de Madrid, de Lisbonne, etc. — Traité de Géométrie descriptive. Applications et Suppléments; publié en trois Parties comprenant 6 volumes.

Chaque Volume se vend séparément :
Première Partie — Traité de Géométrie descriptive. 2e édition, 2 volumes, 1880-1881.
Tome I. — Point, droite, plan. Grand in-8, avec Atlas de 31 planches. 8 fr. 50 c.
Tome II. — Surfaces courbes. Grand in-8, avec Atlas. (Sous presse.)
Deuxième Partie. — Applications de Géométrie descriptive. Perspective axonométrique et perspective cavalière. Grand in-4 lithographié, avec 73 figures dans le texte; 1879. 5 fr.
Troisième Partie. — Suppléments au Traité de Géométrie descriptive. 3 volumes; 1877-1878-1879.
Tome I. — Les projections axonométriques. Grand in-4 lithographié, avec 92 figures dans le texte. 3 fr. 50 c.
Tome II. — Les projections obliques. Grand in-4 lithographié, avec 121 figures dans le texte. 3 fr. 50 c.
Tome III. — Les projections centrales. Grand in-4 lithographié, avec 130 figures dans le texte. 3 fr. 50 c.
Les 3 volumes composant cette IIIe Partie se vendent ensemble. 9 fr.

BREITHOF (N.), Professeur à l'Université de Louvain, Membres des Académies royales des Sciences de Madrid, de Lisbonne, etc. — Traité de perspective cavalière. Méthode conventionnelle de dessin présentant les avantages de la perspective linéaire et ceux de la méthode des projections orthogonales, à l'usage des Officiers du génie, des Ingénieurs, Architectes, Conducteurs de travaux, Chefs d'atelier, Appareilleurs, Tailleurs de pierre, etc ; des Académies et Écoles de dessin, Écoles industrielles, Écoles des Arts et Métiers, etc. Grand in-8, avec Atlas de 8 planches in-4; 1881. 3 fr. 75 c.

BRESSE, Membre de l'Institut, Professeur de Mécanique à l'École des Ponts et Chaussées. — Cours de Mécanique appliquée professé à l'École des Ponts et Chaussées.
Première Partie : Résistance des matériaux et stabilité des constructions. In-8, avec fig. dans le texte. 3e édition, revue et beaucoup augmentée; 1880. 13 fr.
Deuxième Partie : Hydraulique. In-8, avec fig. dans le texte et une planche ; 3e édition ; 1879. 10 fr.
Troisième Partie : Calcul des moments de flexion dans une poutre à plusieurs travées solidaires. In-8, avec figures dans le texte et Atlas in-folio de 24 planches sur cuivre ; 1865. 16 fr.
Chaque Partie se vend séparément.

CAZIN, Docteur ès Sciences, ancien Professeur au Lycée Fontanes, et ANGOT, Agrégé de l'Université, Docteur ès Sciences. — **Traité théorique et pratique des piles électriques.** *Mesure des constantes des piles. Unités électriques. Description et usage des différentes espèces de piles.* In-8, avec 105 belles figures dans le texte; 1881. 7 fr. 50 c.

CHARLON (H.). — **Théorie mathématique des Opérations financières.** 2e édition. Grand in-8, avec Tables numériques relatives aux emprunts par obligations. Tables numériques relatives aux calculs d'intérêts composés et d'annuités, et Tables logarithmiques de Fedor Thoman relatives aux calculs d'intérêts composés et d'annuités; 1878. 12 fr. 50 c.

CHARLON (H.). — **Théorie élémentaire des Opérations financières.** Grand in-8, avec Tables; 1880. 6 fr. 50 c.

CHASLES. — **Traité des Sections coniques,** faisant suite au Traité de Géométrie supérieure. *Première Partie.* In-8, avec 5 planches gravées sur cuivre, et contenant 133 figures; 1865. 9 fr.

CHASLES. — **Aperçu historique sur l'origine et le développement des méthodes en Géométrie,** particulièrement de celles qui se rapportent à la Géométrie moderne, suivi d'un *Mémoire de Géométrie sur deux principes généraux de la Science, la Dualité et l'Homographie.* Seconde édition, conforme à la première. Un beau volume in-4 de 850 pages; 1875. 35 fr.

CHASLES. — **Traité de Géométrie supérieure.** Deuxième édition. Un beau volume grand in-8, avec 12 planches; 1880. 24 fr.

CHATIN (Joannès). — **Contributions expérimentales à l'étude de la chromatopsie chez les Batraciens, les Crustacés et les Insectes.** Grand in-8; 1881. 2 fr.

CHÉFIK-BEY (Mansour), du Caire. — **Application des Mathématiques à la jurisprudence.** In-8; 1880. 1 fr. 25 c.

CHEVALLIER et MUNTZ. — **Problèmes de Mathématiques,** avec leurs solutions développées, à l'usage des Candidats au Baccalauréat ès Sciences et aux Écoles du Gouvernement. In-8, lithographié; 1872. 4 fr.

CHEVALLIER et MUNTZ. — **Problèmes de Physique,** avec leurs solutions développées, à l'usage des Candidats au Baccalauréat ès Sciences et aux Écoles du Gouvernement. In-8, lithographié; 1872. 2 fr. 75 c.

CHEVILLARD, Professeur à l'École des Beaux-Arts. — **Leçons nouvelles de Perspective.** 2e édit. In-8, avec Atlas in-4 de 32 planches gravées sur acier; 1878. 12 fr.

CHEVREUL (E.-E.), Membre de l'Institut. — **De la Baguette divinatoire, du Pendule dit** *explorateur* **et des Tables tournantes.** In-8; 1854. 3 fr.

CHOQUET, Docteur ès Sciences. — **Traité d'Algèbre.** (*Autorisé.*) In-8; 1856. 7 fr. 50 c.

CHORON (L.), Ingénieur des Ponts et Chaussées. — **Étude sur le régime général des chemins de fer.** Grand in-8; 1881. 3 fr.

CLAUSIUS (R.), Professeur à l'Université de Bonn, Correspondant de l'Institut de France. — **De la fonction potentielle et du potentiel;** traduit de l'allemand, sur la 2e édition, par *F. Folie.* In-8; 1870. 4 fr.

CLEBSCH (Alfred). — **Leçons sur la Géométrie,** recueillies et complétées par *Ferdinand Lindemann,* Professeur à l'Université de Fribourg en Brisgau, et traduites par *Adolphe Benoist,* Docteur en droit. 3 vol. grand in-8°, avec figures dans le texte; 1879-1880.

TOME Ier. — Traité des sections coniques et Introduction à la théorie des formes algébriques. 12 fr.

TOME II. — Courbes algébriques en général et courbes du troisième ordre. 14 fr.

TOME III. — Intégrales abéliennes et connexes. (*Sous presse.*)

COMBEROUSSE (Charles de), Ingénieur, Professeur de Mécanique et Examinateur d'admission à l'École Centrale des Arts et Manufactures, Professeur de Mathématiques spéciales au collège Chaptal. — **Cours de Mathématiques,** à l'usage des Candidats à l'École Polytechnique, à l'École Normale supérieure et à l'École centrale des Arts et Manufactures. 5 vol. In-8, avec fig. dans le texte et planches.

Chaque Volume se vend séparément:

Le TOME Ier, *Arithmétique* et *Algèbre élémentaire* (avec 38 figures dans le texte). 2e édition; 1876. 10 fr.

On vend à part : Arithmétique. 4 fr.
Algèbre élémentaire. 6 fr.

TOME II. — *Géométrie élémentaire, plane et dans l'espace, Trigonométrie rectiligne et sphérique.* 2e édition. (*Sous presse.*)

TOME III. — *Algèbre supérieure.* 2e édition. (*Sous presse.*)

TOME IV. — *Géométrie analytique, plane et dans l'espace, Éléments de Géométrie descriptive.* 2e édit. (*Sous presse.*)

TOME V. — *Éléments de Géométrie supérieure, Notions sur la résolution des problèmes.* 2e édition. (*En préparation.*)

COMBEROUSSE (Ch. de), Ingénieur civil, Professeur de Mécanique à l'École Centrale, Ancien Élève et Membre du Conseil de l'École. — **Histoire de l'École Centrale des Arts et Manufactures,** depuis sa fondation jusqu'à ce jour. Un beau volume grand in-8, orné de 4 planches à l'eau-forte, tirées sur chine; 1879. 12 fr.
(*Voir* ÉCOLE CENTRALE. — *Cinquantième anniversaire.*)

COMOY, Inspecteur général des Ponts et Chaussées en retraite, Commandeur de la Légion d'honneur. — **Étude pratique sur les marées fluviales, et notamment sur le mascaret;** *Application aux travaux de la partie maritime des fleuves.* Vol. grand in-8, avec figures dans le texte et Atlas de 10 planches; 1881. 15 fr.

COMPAGNON (P.-F.), ancien Professeur de l'Université. — **Éléments de Géométrie.** Cet Ouvrage est surtout destiné aux jeunes gens qui se préparent aux Écoles du Gouvernement. 2e édit. In-8, avec fig.; 1876.
Broché. 7 fr.
Cartonné. 7 fr. 75 c.

COMPAGNON (P.-F.). — **Abrégé des Éléments de Géométrie.** Cet Ouvrage s'adresse particulièrement aux Élèves des différentes classes de Lettres et aux candidats au Baccalauréat ès Lettres et ès Sciences, et aux Élèves de l'Enseignement secondaire spécial. 2e édition. In-8, avec figures; 1876. (*Autorisé par le Conseil supérieur de l'Enseignement secondaire spécial.*)
Broché. 4 fr. 50 c.
Cartonné. 5 fr. 25 c.

COMPAGNON (P.-F.) — **Questions proposées sur les Éléments de Géométrie,** divisées en Livres, Chapitres et paragraphes, et contenant quelques indications *Sur la manière de résoudre certaines questions.* In-8, avec figures dans le texte; 1877. 5 fr.

CONNAISSANCE DES TEMPS ou des mouvements célestes à l'usage des Astronomes et des Navigateurs, publiée par le Bureau des Longitudes pour l'an 1882. Grand in-8 de plus de 800 pages, avec cartes.
Prix : Broché. 4 fr. »
Cartonné. 4 fr. 75 c.
Pour recevoir l'Ouvrage franco dans les pays de l'Union postale, ajouter 1 fr.

Depuis le Volume pour l'an 1879, la *Connaissance des Temps* ne contient plus d'*Additions,* et son prix a été abaissé à 4 fr. Les Mémoires qui composaient autrefois les *Additions* sont publiés dans les **Annales du Bureau**

On vend séparément un Fascicule contenant :

Les 5 *Cartes nouvelles*, nᵒˢ 25 à 29 de l'Atlas céleste, par C. Flammarion. Ces Cartes sont renfermées dans une couverture imprimée, avec l'*Instruction* composée pour la nouvelle édition de l'Atlas.   15 fr.

DISLERE. — La Guerre d'escadre et la Guerre de côtes. (*Les nouveaux navires de combat.*) Un beau volume grand in-8, avec nombreuses figures, gravées sur bois, dans le texte ; 1876.   7 fr.

DORMOY (Émile). — Théorie mathématique des assurances sur la vie. Deux volumes grand in-8 ; 1878.   20 fr.
Chaque volume se vend séparément.   10 fr.

DORMOY (Émile). — Traité du jeu de la bouillotte, avec une Préface par *Francisque Sarcey*. Grand in-8 ; 1880.   1 fr. 75 c.

DOSTOR (G.), Docteur ès Sciences, Professeur à la Faculté des Sciences de l'Université catholique de Paris. — Éléments de la théorie des déterminants, avec application à l'Algèbre, à la Trigonométrie et à la Géométrie analytique dans le plan et dans l'espace, à l'usage des classes de Mathématiques spéciales. In-8 ; 1877.   8 fr.

DOSTOR (G.). — Théorie générale des Polygones étoilés. In-4 ; 1881.   2 fr.

DUBOIS, Examinateur hydrographe de la Marine. — Les passages de Vénus sur le disque solaire, considérés au point de vue de la détermination de la distance du Soleil à la Terre. *Passage de* 1874 ; *Notions historiques sur les passages de* 1761 *et* 1769. In-18 jésus, avec figures ; 1874.   3 fr. 50

DUBRUNFAUT. — Le Sucre dans ses rapports avec la Science, l'Agriculture, l'Industrie, le Commerce, l'Économie publique et administrative, ou *Études faites depuis* 1836 *sur la question des Sucres*. Deux vol. in-8.   20 fr.
On vend séparément :
Tome I ; 1873...................... 10 fr.
Tome II ; 1878...................... 10 fr.

DUCOM. — Cours complet d'observations nautiques, avec les notions nécessaires au Pilotage et au Cabotage, augmenté de la puissance des effets des ouragans, typhons, tornados des régions tropicales. 3ᵉ édit. ; 1858. 1 vol. in-8.   12 fr.

DUHAMEL, Membre de l'Institut. — Éléments de Calcul infinitésimal. 3ᵉ édit., revue et annotée par M. *J. Bertrand*, Membre de l'Institut. 2 vol. in-8, avec planches ; 1874-1876.   15 fr.

DUHAMEL. — Des Méthodes dans les sciences de raisonnement. 5 vol. in-8.   27 fr. 50 c.
Première Partie. *Des Méthodes communes à toutes les sciences de raisonnement.* 2ᵉ édition. In-8 ; 1875.   2 fr. 50 c.
Deuxième Partie. *Application des Méthodes à la science des nombres et à la science de l'étendue.* 2ᵉ édition. In-8 ; 1877.   7 fr. 50 c.
Troisième Partie. *Application de la science des nombres à la science de l'étendue.* In-8, avec fig. ; 1868.   7 fr. 50 c.
Quatrième Partie. *Application des Méthodes générales à la science des forces.* In-8, avec fig. ; 1870.   7 fr. 50 c.
Cinquième Partie. *Essai d'une application des Méthodes à la science de l'homme moral.* 2ᵉ éd. In-8 ; 1873.   2 fr. 50 c.

DULOS (Pascal), Professeur de Mécanique à l'École d'Arts et Métiers et à l'École des Sciences d'Angers. — Cours de Mécanique, à l'usage des École d'Arts et Métiers et de l'enseignement spécial des Lycées. 4 vol. in-8, avec belles figures gravées sur bois dans le texte ; 1875-1876-1877-1879. (*Ouvrage honoré d'une souscription des Ministères de l'Instruction publique, de l'Agriculture et des Travaux publics.*)

On vend séparément :

Tome I : *Composition des forces.* — *Équilibre des corps solides.* — *Centre de gravité.* — *Machines simples.* — *Ponts suspendus.* — *Travail des forces.* — *Principe des forces vives.* — *Moments d'inertie.* — *Force centrifuge.* — *Pendule simple et composé.* — *Centre de percussion.* — *Régulateur à force centrifuge.* — *Pendule balistique.* 7 fr. 50.

Tome II : *Résistances nuisibles ou passives.* — *Frottement.* — *Application aux machines.* — *Roideur des cordes.* — *Application du théorème des forces vives à l'établissement des machines.* — *Théorie du volant.* — *Résistance des matériaux.* 7 fr. 50 c.

Tome III : *Hydraulique.* — *Écoulement des fluides.* — *Jaugeage des cours d'eau.* — *Établissement des canaux à régime constant.* — *Récepteurs hydrauliques.* — *Travail des pompes.* — *Bélier hydraulique.* — *Vis d'Archimède.* — *Moulins à vent.* 7 fr. 50 c.

Tome IV : *Thermodynamique.* — *Machines à vapeur.* — *Principaux types de machines à vapeur.* — *Chaudières à vapeur.* — *Machines à air chaud et à gaz.* — *Calcul des volants.* — *Appareils dynamométriques.* 9 fr. 50 c.

DUMAS, Secrétaire perpétuel de l'Académie des Sciences. — Études sur le Phylloxera et sur les Sulfocarbonates. In-8, avec planche ; 1876.   3 fr.

DUMAS, Secrétaire perpétuel de l'Académie des Sciences. — Leçons sur la Philosophie chimique professées au Collège de France en 1836, recueillies par M. *Bineau*. 2ᵉ édition. In-8 ; 1878.   7 fr.

DU MONCEL (Th.), Ingénieur électricien de l'Administration des Lignes télégraphiques. — Traité théorique et pratique de Télégraphie électrique, à l'usage des employés télégraphistes, des ingénieurs, des constructeurs et des inventeurs. Vol. in-8 de 642 pages, avec 156 figures dans le texte et 3 planches sur cuivre ; imprimé sur carré fin satiné ; 1864.   10 fr.

DU MONCEL (Th.). — Exposé des Applications de l'Électricité. *Technologie électrique.* 3ᵉ édition, entièrement refondue ; 5 volumes grand in-8 cartonnés, avec nombreuses figures et planches ; 1872-1878.   72 fr.
On vend séparément :
Tome V : 672 pages, 3 pl. et 169 fig. Cartonné.   16 fr.
Broché...   14 fr.

DUPLAIS (aîné). — Traité de la fabrication des liqueurs et de la distillation des alcools, suivi du *Traité de la fabrication des eaux et boissons gazeuses.* 4ᵉ édition, revue et augmentée par *Duplais jeune*. 2 vol. in-8, avec 15 planches ; 1877.   16 fr.

DUPRÉ (Ath.), Doyen de la Faculté des Sciences de Rennes. — Théorie mécanique de la Chaleur. In-8, avec figures dans le texte ; 1869.   8 fr.

DUPUY DE LOME, Membre de l'Institut. — L'Aérostat à hélice. Note sur l'aérostat construit pour le compte de l'État. In-4, avec 9 grandes planches gravées sur acier ; 1872.   6 fr. 50 c.

DURUTTE (le Comte C.), Compositeur, ancien Élève de l'École Polytechnique. — Esthétique musicale. Résumé élémentaire de la Technie harmonique et Complément de cette Technie, suivi de l'*Exposé de la loi de l'enchaînement dans la mélodie, dans l'harmonie et dans leur concours,* et précédé d'une *Lettre de M. Ch. Gounod, Membre de l'Institut.* Un beau volume in-8 ; 1876. 10 fr.

EBELMEN. — Chimie, Céramique, Géologie, Métallurgie. Ouvrage revu et corrigé par M. *Salvétat*. 3 forts vol. in-8, avec fig. dans le texte (2ᵉ tirage) ; 1861.   15 fr.

---

postale, l'ATLAS *en feuilles*, soigneusement enroulé et enveloppé, ajouter 2 fr.
Les dimensions (0ᵐ,50 sur 0ᵐ,35) de l'ATLAS *cartonné* ne permettant pas de l'expédier par la poste, cet Atlas *cartonné*, dont le poids est de 2 kg,9, sera envoyé aux frais du destinataire, soit par messageries grande vitesse, soit par tout autre mode indiqué.

GERMAIN (Mlle Sophie). — Mémoire sur l'emploi de l'épaisseur dans la théorie des surfaces élastiques. Mémoire posthume. In-4; 1880. 3 fr.

GILBERT (Ph.), professeur à l'Université catholique de Louvain. — Cours de Mécanique analytique. *Partie élémentaire*. Grand in-8, avec figures dans le texte; 1877. 9 fr. 50 c.

GILBERT (Ph.). — Cours d'Analyse infinitésimale. Partie élémentaire. 2e édition. Grand in-8; 1878. 9 fr. 50 c.

GINOT-DESROIS (Mlle). — Planisphère mobile, au moyen duquel on peut apprendre l'Astronomie seul et sans le secours des Mathématiques. 7e éd., 1847; sur carton. 4 fr.

GINOT-DESROIS (Mlle). — Planisphère astronomique ou Calendrier astronomique perpétuel, donnant le quantième des mois, les jours de la semaine, les phases de la Lune, la place du Soleil dans l'écliptique pour un jour donné, le lever, le passage au méridien, le coucher de ces astres et des étoiles, ainsi que les principales éclipses de Soleil visibles à Paris depuis 1858 jusqu'en 1874, dans l'ordre de leur grandeur et dimension. 2e éd., 1861; sur carton, avec une brochure in-8 donnant la description et les usages du Calendrier perpétuel. 5 fr.

GIRARD (L.-D.), Ingénieur civil. — Hydraulique. Utilisation de la force vive de l'eau appliquée à l'industrie. — Critique de la théorie connue et exposé d'une théorie nouvelle. In-4, avec Atlas de 13 planches; 1863. 8 fr.

GIRARD (L.-D.). — Chemin de fer glissant, nouveau système de locomotion à propulsion hydraulique. In-4, avec Atlas de 6 planches in-plano; 1864. 8 fr.

GIRARD (L.-D.). — Élévation d'eau pour l'alimentation des villes et distribution de force à domicile.
N° 1. Grand in-4, avec 2 planches et figures dans le texte; 1868. 3 fr.
N° 2. Grand in-4, avec 2 planches; 1869. 3 fr.
Le prospectus détaillé des Ouvrages de L.-D. Girard est envoyé aux personnes qui en font la demande par lettre affranchie. (La librairie Gauthier-Villars vient d'acquérir la propriété de tous les ouvrages de M. L.-D. Girard, et en a diminué les prix de vente.)

GRAINDORGE, Répétiteur à l'École des Mines de Liège. — Mémoire sur l'intégration des équations de la Mécanique. In-8; Bruxelles. 4 fr.

GRANDEAU (L.) et TROOST (L.). — Traité pratique d'analyse chimique, par F. WŒHLER, Associé étranger de l'Institut de France. Édition française, publiée avec le concours de l'Auteur. 1 volume in-18 jésus, avec 76 figures dans le texte et une planche; 1866. 4 fr. 50 c.

HABICH, Directeur de l'École des Constructions civiles et des Mines, à Lima. — Études cinématiques. In-8, avec figures dans le texte; 1879. 4 fr.

HALLAUER (O.). — Expériences sur les moteurs à vapeur, dirigées par M. G.-A. Hirn et exécutées en 1873 et 1875 par MM. Dwelshauvers-Dery, W. Grosseteste et O. Hallauer. Grand in-8, avec 3 planches; 1877. 2 fr. 50 c.

HALLAUER (O.). — Expériences sur le rendement des moteurs à vapeur, faites sur les machines Woolf verticales à balancier, sur les machines Woolf horizontales et sur les machines verticales Compound de la Marine française. Grand in-8, avec 4 planches; 1878. 3 fr.

HALLAUER (O.). — Étude expérimentale comparée sur les moteurs à un et à deux cylindres. *Influence de la détente*. Grand in-8; 1879. 2 fr. 50 c.

HALLAUER (O.). — Analyses expérimentales comparées sur les machines fixes et les machines marines. Grand in-8; 1880. 2 fr. 50 c.

HALPHEN, Répétiteur à l'École Polytechnique. — Sur les invariants différentiels. In-4; 1878. 3 fr.

HATON DE LA GOUPILLIÈRE (J.-N.). — Traité des Mécanismes, renfermant la théorie géométrique des organes et celle des résistances passives. In-8, avec 16 pl. gravées sur cuivre; 1864. 10 fr.

HERMITE (Ch.), Membre de l'Institut. — Cours d'Analyse de l'École Polytechnique. Première Partie, contenant le *Calcul différentiel* et les *Premiers principes du Calcul intégral*. In-8, avec fig. dans le texte; 1873. 14 fr.
La Seconde Partie contiendra la fin du Calcul intégral.

HIRN (G.-A.), Correspondant de l'Institut. — Théorie mécanique de la Chaleur. Première Partie et seconde Partie.
Première Partie. — Exposition analytique et expérimentale de la Théorie mécanique de la Chaleur. 3e édition, entièrement refondue. In-8, grand raisin, avec figures dans le texte. Tome I; 1875. 12 fr.
Tome II; 1876. 12 fr.
Seconde Partie (formant Ouvrage séparé). — Conséquences philosophiques et métaphysiques de la Thermodynamique. Analyse élémentaire de l'Univers. In-8, grand raisin; 1868. 10 fr.

HIRN (G.-A.). — Mémoire sur la Thermodynamique. In-8, avec 2 planches; 1867. 5 fr.

HIRN (G.-A.). — Note sur les variations de la capacité calorifique de l'eau, vers le maximum de densité. In-4; 1870. 1 fr.

HIRN (G.-A.). — Mémoire sur les conditions d'équilibre et sur la nature probable des anneaux de Saturne. In-4, avec planches; 1872. 4 fr.

HIRN (G.-A.). — Le Monde de Saturne, ses conditions d'existence et de durée, suivi d'une *Note* relative à l'expérience du pendule de Foucault. Lecture faite à la Société d'Histoire naturelle de Colmar. In-8, avec planch.; 1872. 1 fr. 50 c.

HIRN (G.-A.). — Mémoire sur les propriétés optiques de la flamme des corps en combustion et sur la température du Soleil. In-8; 1873. 1 fr. 25 c.

HIRN (G.-A.). — Théorie analytique élémentaire du Planimètre Amsler. Grand in-8, avec planches; 1875. 2 fr. 50 c.

HIRN (G.-A.). — La Musique et l'Acoustique. *Aperçu général sur leur rapport et sur leurs dissemblances* (Extrait de la *Revue d'Alsace*). Grand in-8; 1878. 2 fr. 50 c.

HIRN (G.-A.). — Étude sur une classe particulière de tourbillons, qui se manifestent, sous de certaines conditions spéciales, *dans les liquides*. Analogie entre le mécanisme de ces tourbillons et celui des trombes. In-8, avec 3 planches; 1878. 2 fr. 50 c.

HIRN (G.-A.). — Réflexions critiques sur les expériences concernant la chaleur humaine. In-4; 1879. 75 c.

HIRN (G.-A.). — Notice sur la mesure des quantités d'électricité. In-4; 1879. 60 c.

HIRN (G.-A.). — Explication d'un paradoxe d'Hydrodynamique. Grand in-8; 1881. 1 fr.

HOMMEY, Capitaine de frégate en retraite. — Tables d'angles horaires. 2 volumes grand in-8 en tableaux. 15 fr.

HOÜEL (J.), Professeur de Mathématiques à la Faculté des Sciences de Bordeaux. — Cours de Calcul infinitésimal. Quatre beaux volumes grand in-8, avec figures dans le texte; 1878-1879-1880-1881.
On vend séparément :
Tome I.. 15 fr.

Polytechnique : *Thermométrie, Dilatation, Optique géométrique, Problèmes et Solutions;* rédigé conformément au nouveau programme d'admission à l'École Polytechnique. In-8 de viii-214 pages, avec 132 belles figures dans le texte; 1879.   3 fr. 50 c.

JAMIN (J.). — Petit Traité de Physique, à l'usage des Établissements d'Instruction, des aspirants aux Baccalauréats et des candidats aux Écoles du Gouvernement. In-8, avec 686 figures dans le texte; 1870.   8 fr.

Ce Livre élémentaire est conçu dans un esprit nouveau. Dès les premiers mots, l'Auteur démontre que la chaleur est un mouvement moléculaire, et cette idée guide ensuite le lecteur dans toutes les expériences et les explique. La Terre et les aimants n'étant que des solénoïdes, on fait dépendre le magnétisme de l'électricité. L'Acoustique montre dans leurs détails les vibrations longitudinales, transversales, circulaires et elliptiques, elle prépare à l'Optique. Cette dernière partie enfin est l'étude des vibrations de toute sorte qui se produisent dans l'éther; les interférences et la polarisation sont expliquées de la manière la plus élémentaire, et la Théorie vibratoire est rendue accessible à tous. L'auteur espère que les modifications qu'il propose dans l'enseignement de la Physique seront approuvées par ses collègues, et qu'elles seront profitables aux élèves en les délivrant de ce que les savants ont abandonné, en élevant leur esprit jusqu'à de plus hautes conceptions, en leur montrant l'ensemble philosophique d'une science déjà très avancée, et qui semble toucher à son terme.

JONQUIÈRES (E. de), Lieutenant de vaisseau. — Mélanges de Géométrie pure. In-8, avec planches; 1856. 5 fr.

JORDAN (Camille), Ingénieur des Mines. — Traité des Substitutions et des Équations algébriques. In-4; 1870.   30 fr.

JOUBERT (le P.), Professeur à l'École Sainte-Geneviève. — Sur les équations qui se rencontrent dans la théorie de la transformation des fonctions elliptiques. In-4; 1876.   5 fr.

JOUBERT (J.), Professeur de Physique au Collège Rollin. — Étude sur les machines magnéto-électriques. In-4; 1881.   2 fr. 50 c.

JOURNAL DE L'ÉCOLE POLYTECHNIQUE, publié par le Conseil d'instruction de cet Établissement. 49 Cahiers in-4, avec figures et planches.   740 fr.

Le XLIX⁵ Cahier, qui a paru récemment, se vend 12 fr. *Le L⁵ Cahier paraîtra en décembre 1881.*

JOURNAL DE MATHÉMATIQUES PURES ET APPLIQUÉES, ou Recueil mensuel de Mémoires sur les diverses parties des Mathématiques, fondé en 1836 et publié jusqu'en 1874 par M. *J. Liouville.* — A partir de 1875, le *Journal de Mathématiques* est publié par M. *H. Resal,* Membre de l'Institut, avec la collaboration de plusieurs savants.

La 3ᵉ Série, commencée en 1875, continue de paraître chaque mois par cahier de 32 à 48 pages. L'abonnement est annuel, et part du 1ᵉʳ janvier.

1ʳᵉ Série, 20 volumes in-4, années 1836 à 1855 (au lieu de 600 francs).   400 fr.
   Chaque volume pris séparément, au lieu de 30 fr., 25 fr.

2ᵉ Série, 19 volumes in-4, année 1856 à 1874 (au lieu de 570 fr.)   380 fr.
   Chaque volume pris séparément, au lieu de 30 fr., 25 fr.

Prix de l'abonnement pour un an :

Paris............................ 30 fr.
Départements et Union postale........... 35 fr.
Autres pays....................... 40 fr.
— Table générale des 20 volumes composant la 1ʳᵉ Série. In-4.   3 fr. 50 c.
— Table générale des 19 volumes composant la 2ᵉ Série. In-4.   3 fr. 50 c.

JULIEN (Stanislas), Membre de l'Institut. — Histoire et Fabrication de la Porcelaine chinoise. Ouvrage traduit du chinois, accompagné de Notes et Additions par M. *Salvétat,* et augmenté d'un Mémoire sur la Porcelaine du Japon. Grand in-8, avec 14 pl., figures gravées sur bois, et une carte de la Chine; 1856.   6 fr.

JULLIEN (A.), Licencié ès Sciences mathématiques et

physiques. — Méthode nouvelle pour l'enseignement de la Géométrie descriptive (Perspective et Reliefs). La Méthode se compose d'un Cours élémentaire et d'une Collection de Reliefs, qui se vendent séparément, savoir :

Cours élémentaire de Géométrie descriptive, conforme au programme du Baccalauréat ès Sciences. In-18 jésus avec figures et 143 planches intercalées dans le texe ; 1878. Cartonné.   3 fr. 50 c.

Collection de Reliefs à pièces mobiles se rapportant aux questions principales du Cours élémentaire :
Petite boîte, comprenant 30 reliefs, avec 118 pièces métalliques pour monter les reliefs. (*Port non compris.*) 10 fr.
Grande boîte, comprenant les mêmes reliefs tout montés. *Port non compris.*)   15 fr.

KIAÈS, Chef des travaux graphiques à l'École Polytechnique et ancien Élève de cette École. — Arithmétique élémentaire, approuvée par le Ministre de la Guerre pour l'enseignement des caporaux et sapeurs dans les Écoles régim. du Génie. In-12 cart. 2ᵉ édition.; 1874.   1 fr. 20 c.

KIAÈS. — Traité d'Arithmétique, approuvé par le Ministre de la Guerre pour l'enseignement des sous-officiers dans les Écoles régim. du Génie. In-12; 1867. 2 fr.75 c.
Cartonné.   3 fr. 20 c.

LABOSNE. — Instruction sur la Règle à calcul, contenant les applications de cet instrument au calcul des expressions numériques, à la résolution des équations du deuxième et du troisième degré, et aux principales questions de Trigonométrie. In-8; 1872.   2 fr.

LACOMBE. — Nouveau manuel de l'escompteur, du banquier, du capitaliste et du financier, ou Nouvelles Tables de calculs d'intérêts simples, avec le calendrier de l'escompteur. Nouvelle édition, précédée d'une *Instruction sur les Calculs d'intérêts et l'usage des Tables,* par M. LAAS D'AGUEN, éditeur des Tables de Violeine, et terminée par un Exposé des lois sur les intérêts, les rentes, les effets de commerce, les chèques, etc., par M. B., Docteur en Droit. Un fort vol. in-18 jésus; 1877.   6 fr.

LACROIX. — Traité élémentaire d'Arithmétique, 20ᵉ édition. In-8; 1848.   2 fr.

LACROIX. — Éléments de Géométrie, suivis de *Notions sur les courbes usuelles,* 21ᵉ édition, revue par M. *Prouhet.* In-8, avec 220 figures dans le texte; 1880. (*Autorisé par décision ministérielle.*)   4 fr.

LACROIX. — Éléments d'Algèbre. 24ᵉ édit., revue par M. *Prouhet.* In-8; 1879.   6 fr.

LACROIX. — Complément des Éléments d'Algèbre. 7ᵉ édition. In-8; 1863.   4 fr.

LACROIX. — Traité élémentaire de Trigonométrie rectiligne et sphérique, et d'Application de l'Algèbre à la Géométrie. In-8, avec planches; 1863. 11ᵉ édition, revue et corrigée.   4 fr.

LACROIX. — Introduction à la connaissance de la sphère. 4ᵉ édition. In-18, avec planches; 1872. *Ouvrage choisi par S. Exc. le Ministre de l'Instruction publique pour les Bibliothèques scolaires.*   1 fr. 25 c.

LACROIX. — Traité élémentaire de Calcul différentiel et de Calcul intégral. 8ᵉ édition, revue et augmentée de Notes par MM. *Hermite* et *J.-A. Serret,* Membres de l'Institut. 2 vol. in-8 avec pl.; 1874.   15 fr.

LACROIX. — Traité élémentaire du Calcul des Probabilités. 4ᵉ édition. In-8, avec planches; 1864.   5 fr.

LACROIX. — Introduction à la Géographie mathématique et critique et à la Géographie physique. In-8, avec planches; 1847.   7 fr.

LA GOURNERIE (de), Membre de l'Institut. — Traité

LAUGEL (Aug.), ancien Élève de l'École Polytechnique. — Science et Philosophie. In-18 jésus; 1863. 3 fr. 50 c.

LAURENT (A.), Correspondant de l'Institut. — Méthode de Chimie, précédée d'un *Avis au Lecteur*, par *Biot*. In-8, avec figures; 1854. 8 fr.

LAURENT (H.), Répétiteur à l'École Polytechnique. — Traité d'Algèbre, à l'usage des Candidats aux Écoles du Gouvernement, 3e édition, revue et mise en harmonie avec les derniers Programmes. 3 vol. in-8.
  Ire Partie : ALGÈBRE ÉLÉMENTAIRE, à l'usage des *Classes de Mathématiques élémentaires*. In-8; 1879. 4 fr.
  IIe Partie : ANALYSE ALGÉBRIQUE, à l'usage des *Classes de Mathématiques spéciales*. In-8; 1881. 4 fr.
  IIIe Partie : THÉORIE DES ÉQUATIONS, à l'usage des *Classes de Mathématiques spéciales*. In-8; 1881. 4 fr.

LAURENT (H.). — Théorie élémentaire des Fonctions elliptiques. In-8, avec fig. dans le texte; 1880. 3 fr. 50 c.

LAURENT (H.). — Traité de Mécanique rationnelle à l'usage des Candidats à l'Agrégation et à la Licence. 2e édit. 2 vol. in-8 avec figures; 1878. 12 fr.

LAURENT (H.). — Traité du Calcul des Probabilités. In-8; 1873. 7 fr. 50 c.

LAURENT (H.). — Théorie des résidus. In-8; 1866. 4 fr.

LE COINTE (I.-L.-A.). — Solutions développées de 300 Problèmes qui ont été proposés dans les compositions mathématiques pour l'admission au grade de Bachelier ès Sciences dans diverses Facultés de France. In-8, avec figures dans le texte; 1865. 6 fr.

LECOQ DE BOISBAUDRAN. — Spectres lumineux, Spectres prismatiques et en longueurs d'onde, destinés aux recherches de Chimie minérale. Grand in-8, avec atlas contenant 29 belles planches sur acier; 1874. 20 fr.

LEFÉBURE DE FOURCY, Examinateur pour l'admission à l'École Polytechnique. — Leçons d'Algèbre. 9e édition. In-8; 1880. 7 fr. 50 c.

LEFÉBURE DE FOURCY. — Leçons d'Algèbre à l'usage des classes de Mathématiques élémentaires; 1870. 4 fr. 50 c.

LEFÉBURE DE FOURCY. — Éléments de Trigonométrie, contenant la Trigonométrie rectiligne, la Trigonométrie sphérique et quelques applications à l'Algèbre. 12e édition. In-8, avec planche; 1879. 2 fr.

LEFÉBURE DE FOURCY. — Leçons de Géométrie analytique, comprenant la Trigonométrie rectiligne et sphérique, les lignes et les surfaces des deux premiers ordres. 9e édition. In-8, avec planches; 1871. 7 fr. 50 c.

LEFÉBURE DE FOURCY. — Traité de Géométrie descriptive, précédé d'une Introduction qui renferme la Théorie du plan et de la ligne droite considérée dans l'espace. 8e édition. 2 vol. in-8, dont un composé de 32 planches; 1881. 10 fr.

LEFÈVRE. — Abrégé du nouveau traité de l'Arpentage, ou Guide pratique et mémoratif de l'Arpenteur, particulièrement destiné aux personnes qui n'ont point étudié la Géométrie. Gros volume in-12, avec 18 pl., dont une coloriée. 7 fr.

LEFORT (F.), Inspecteur général des Ponts et Chaussées. — Sur les bases des calculs de stabilité des ponts à tabliers métalliques. Ouvrage approuvé par l'Académie des Sciences et honoré d'une souscription du Ministre des Travaux publics. In-4, avec 4 grandes planches; 1876. 4 fr.

LEFORT (F.). — Tables des surfaces de déblai et de remblai, des largeurs d'emprise et des longueurs des talus, relatives à un chemin de fer à deux voies ou à une *Route de 10 mètres* de largeur entre fossés, pour des cotes sur l'axe de 0m à 15m et pour des déclivités sur le profil transversal de 0m à 0m,25. Gr. in-8 surjés.; 1861. 3 fr.

MÊMES TABLES relatives à une *Route de 8 mètres*. Grand in-8 sur jésus; 1863. 3 fr.

MÊMES TABLES relatives à un chemin de fer à une voie ou à une *Route de 6 mètres*, etc. Grand in-8 sur jésus; 1862. 3 fr.

LEHAGRE, Chef de bataillon du Génie. — Opérations trigonométriques; Lever de la triangulation; Nivellement. *Cours professé à l'École d'application de l'Artillerie et du Génie*. Grand in-8 jésus, avec 12 modèles de carnets pour l'enregistrement des observations, 8 types des divers calculs qui peuvent se présenter dans une triangulation et 12 grandes planches; 1880. 12 fr.

LEMONNIER, Docteur ès sciences, Prof. au Lycée Henri IV. — Mémoire sur l'élimination. In-4; 1879. 6 fr.

LEONELLI. — Supplément logarithmique, précédé d'une NOTICE SUR L'AUTEUR, par M. *J. Hoüel*, Professeur de Mathématiques pures à la Faculté des Sciences de Bordeaux. 2e édition. In-8; 1876. 4 fr.

LEPRIEUR, Trésorier de l'École Polytechnique. — Répertoire de l'École Polytechnique de 1855 à 1865, faisant suite au *Répertoire* publié par M. *Marielle*. In-8; 1867. 3 fr.

LEROY (C.-F.-A.), ancien Professeur à l'École Polytechnique et à l'École Normale supérieure. — Traité de Géométrie descriptive, suivi de la *Méthode des plans cotés* et de la *Théorie des engrenages cylindriques et coniques*. 11e édition, revue et annotée par M. *Martelet*. In-4, avec Atlas de 71 pl.; 1881. 16 fr.

LEROY (C.-F.-A.). — Traité de Stéréotomie, comprenant les Applications de la Géométrie descriptive à la Théorie des Ombres, la Perspective linéaire, la Gnomonique, la Coupe des Pierres et la Charpente. 8e édition, revue et annotée par M. *E. Martelet*, ancien élève de l'École Polytechnique, professeur de Géométrie descriptive à l'École centrale des Arts et Manufactures. In-4, avec Atlas de 74 pl. in-folio; 1881. 26 fr.

LE TELLIER (le Dr). — Nouveau système de Sténographie. In-8 raisin, avec 37 pl.; 1869. 2 fr. 50 c.

LEVY (Maurice), Ingénieur des Ponts et Chaussées, Docteur ès Sciences. — La Statique graphique et ses *Applications aux Constructions*. Un beau volume grand in-8, avec un Atlas même format, comprenant 24 planches doubles; 1874. 16 fr. 50 c.

LIAGRE (J.-B.-J.), Lieutenant-Général, Secrétaire perpétuel de l'Académie Royale de Belgique. — Calcul des probabilités et Théorie des erreurs, avec des applications aux Sciences d'observation en général et à la Géodésie en particulier. Deuxième édition, revue par le capitaine *C. Pény*, professeur à l'École militaire. In-8; 1879. 10 fr.

LIONNET (E.), Agrégé de l'Université, examinateur suppléant d'admission à l'École Navale. — Éléments d'Arithmétique. 3e édition. In-8; 1857. (*Autorisé par l'Université*.) 4 fr.

LIONNET (E.). — Algèbre élémentaire. 3e édition. In-8; 1868. 4 fr.

LONCHAMPT (A.). — Recueil des principaux Problèmes posés dans les examens pour l'*École Polytechnique* et pour l'*École Centrale des Arts et Manufactures*, ainsi que dans les conférences des *Écoles préparatoires* les plus importantes de Paris. Énoncés et Solutions. 1 volume lithographié, grand in-8 jésus; 1865. 8 fr.

LONCHAMPT (A.), Préparateur aux baccalauréats ès Lettres et ès Sciences, et aux Écoles du Gouvernement.

MOIGNO (l'Abbé). — Actualités scientifiques. Volumes in-18 jésus, ou petit in-8 se vendant séparément :

Première Série.

1° Analyse spectrale des Corps célestes ; par *Huggins*. (*Sous presse.*)

2° Calorescence. — Influence des couleurs ; par *Tyndall*. 1 fr. 50 c.

3° La Matière et la Force ; par *Tyndall*. 1 fr. 50 c.

4° Les Éclairages modernes ; par l'Abbé *Moigno*. (*Épuisé.*)

5° Sept Leçons de Physique générale ; par *A. Cauchy*. (*Sous presse.*)

6° Physique moléculaire ; par l'Abbé *Moigno*. 2 fr. 50 c.

7° Chaleur et Froid ; par *Tyndall*. (*Sous presse.*)

8° Sur la radiation ; par *Tyndall*. 1 fr. 25 c.

9° Sur la force de combinaison des atomes ; par *Hofmann*. 1 fr. 25 c.

10° Faraday inventeur ; par *Tyndall*. 2 fr.

11° Saccharimétrie optique, chimique et mélassimétrique ; par l'Abbé *Moigno*. 3 fr. 50 c.

12° La Science anglaise, son bilan en 1868 (réunion à Norwich) ; par l'Abbé *Moigno*. 2 fr. 50 c.

13° Mélanges de Physique et de Chimie pures et appliquées ; par *Frankland, Graham, Macquorn-Rankine, Perkin, Sainte-Claire Deville, Tyndall*. 3 fr. 50 c.

14° Les Aliments ; par *Letheby*. 3 fr.

15° Constitution de la Matière ; par le P. *Leray*. (*Épuisé.*)

16° Esquisse historique de la Théorie dynamique de la Chaleur ; par *Tait*. 3 fr. 50 c.

17° Théorie du Vélocipède. — Sur les lois de l'écoulement de la vapeur ; par *Macquorn-Rankine*. 1 fr. 25 c.

18° Les Métamorphoses chimiques du Carbone ; par *Odling*. 2 fr.

19° Programme d'un cours en sept leçons sur les phénomènes et les théories électriques ; par *Tyndall*. 1 fr. 50. c.

20° Géologie des Alpes et du tunnel des Alpes ; par *Élie de Beaumont* et *Sismonda*. 2 fr.

21° La Science anglaise, son bilan en 1869 (réunion à Exeter). 3 fr. 50 c.

22° La Lumière ; par *Tyndall*. 2 fr.

23° Les agents explosifs modernes et leurs applications ; par l'Abbé *Moigno*. 2 fr.

24° Religion et Patrie, vengées de la fausse science et de l'envie haineuse ; par l'Abbé *Moigno*. 1 fr. 50 c.

25° Éléments de Thermodynamique ; par *J. Moutier*. (*Épuisé.*)

26° Sur la force de la Poudre et des matières explosibles ; par *M. Berthelot*. 3 fr. 50 c.

27° Sursaturation des solutions gazeuses ; par *Tomlinson*. 2 fr.

28° Optique moléculaire. Effets de précipitation, de décomposition, d'illumination produits par la lumière ; par l'Abbé *Moigno*. 2 fr. 50 c.

29° L'Architecture du monde des atomes, avec 100 fig. dans le texte ; par *Gaudin*. 5 fr.

30° Étude sur les éclairs ; par *P. Perrin*. 2 fr. 50 c.

31° Manuel pratique militaire des chemins de fer, avec nomb. fig. ; par le capitaine *Issaléne*. 2 fr. 50 c.

32° Instruction sur les Paratonnerres ; par *Pouillet* et *Gay-Lussac* ; avec 58 fig. et planche 2 fr. 50 c.

33° Tables barométriques et hypsométriques pour le calcul des hauteurs, précédées d'une *Instruction* ; par *R. Radau*. (Nouveau tirage.) 1 fr. 25 c.

34° Les passages de Vénus sur le disque solaire, avec figures ; par *Edm. Dubois*. 3 fr. 50 c.

35° Manuel élémentaire de Photographie au collodion humide, avec figures ; par *Dumoulin*. 1 fr. 50

36° Problèmes plaisants et délectables qui se font par les nombres ; par *Bachet, sieur de Méziriac*. 4e éd., revue par *Labosne*. Un joli vol., petit in-8 elzévir, titre en deux couleurs. 6 fr.

37° La Chaleur considérée comme un mode de mouvement ; par *Tyndall*. 2e édition française, avec nombreuses figures ; 1881. 2e tirage. 8 fr.

38° L'Astronomie pratique et les Observatoires en Europe et en Amérique, depuis le milieu du xvii* siècle jusqu'à nos jours ; par *André* et *Rayet*, astronomes, et *Angot*, professeur de Physique au Lycée Fontanes ; avec belles figures dans le texte et planches en couleur.

Ire Partie : *Angleterre*. 4 fr. 50 c.

IIe Partie : *Écosse, Irlande et Colonies anglaises*. 4 fr. 50 c.

IIIe Partie : *Amérique du Nord*. 4 fr. 50 c.

IVe Partie : *Amérique du Sud*, et Météorologie américaine. 3 fr.

Ve Partie : *Italie*. 4 fr. 50 c.

39° Méthodes chimiques pour la recherche des falsifications, l'essai, l'analyse des matières fertilisantes ; par *Ferdinand Jean*. (*Épuisé.*)

40° Premières Leçons de Photographie, avec figures ; par *Perrot de Chauvneux*. 1 fr. 50 c.

41° Les Mines dans la guerre de campagne. — Exposé des divers procédés d'inflammation des mines et des pétards de rupture. — Emploi de préparations pyrotechniques et emploi de l'électricité, avec 51 fig. dans le texte ; par le capit. *Picardat*. 2 fr. 50 c.

42° Essai sur une manière de représenter les quantités imaginaires dans les constructions géométriques, par R. *Argand*. 2e édition, précédée d'une préface par M. *J. Hoüel*. 5 fr.

43° Essai sur les piles, par *A. Calland*. 2e édition, avec 2 planches. (Ouvrage couronné par la Société des Sciences de Lille.) 2 fr. 50 c.

44° Matière et Éther ; indication d'une méthode pour établir les propriétés de l'Éther, par *Kretz*, Ingénieur en chef des Manufactures de l'État. 1 fr. 50 c.

45° L'Unité dynamique des forces et des phénomènes de la nature, ou l'Atome tourbillon ; par *F. Marco*, Professeur au Lycée Cavour, à Turin. 2 fr. 50 c.

46° Physique et Physique du Globe. Divers Mémoires de MM. *Tyndall, Carpenter, Ramsay, Raphaël de Rossi, Félix Plateau*. Traduit par l'Abbé *Moigno*. 2 fr. 50 c.

47° La grande pyramide, pharaonique de nom, humanitaire de fait ; ses merveilles, ses mystères et ses enseignements ; par M. *Piazzi Smyth*, Astronome royal d'Écosse. Traduit de l'anglais par l'Abbé *Moigno*. (*Épuisé.*)

48° La Foi et la Science ; par l'Abbé Moigno. (*Épuisé.*)

49° Les insuccès en Photographie ; causes et remèdes, suivis de la retouche des clichés et du gélatinage des épreuves ; par *Cordier*. 3e édit. 1 fr. 75 c.

50° La Photolithographie, son origine, ses procédés, ses applications ; par *C. Fortier*. Petit in-8, orné de planches, fleurons, culs-de-lampe, etc., obtenus au moyen de la Photolithographie. 3 fr. 50 c.

51° Procédé au Collodion sec ; par *F. Boivin*. 2e édit., augmentée des formulaires de Th. Sutton, des tirages aux poudres inertes (procédé au charbon), ainsi que de notions pratiques sur la Photolithographie, l'électrogravure et l'impression à l'encre grasse. 1 fr. 50 c.

52° Les Pandynamomètres de torsion et de flexion, *Théorie et application* ; avec 2 grandes planches ; par M. *G.-A. Hirn*. 2 fr.

53° Notice sur les Aréomètres employés dans l'industrie, le commerce et les sciences, avec figures

M. *E. Mascart*, Directeur du Bureau central météorologique de France, recueillie par M. *Th. Moureaux.* In-18 avec 16 planches en couleur. 1881.   2 fr.

NAUDIER, Docteur en droit, conseiller de préfecture de l'Aube. — Traité théorique et pratique de la Législation et de la Jurisprudence des Mines, des Minières et des Carrières. In-8; 1877.   10 fr.

NOURY. — Tarifs d'après le Système métrique décimal pour cuber les bois carrés en grume ou ronds, et tous les corps solides quelconques, ainsi que les colis ou ballots, caisses, etc. 3e édit. In-8; 1877. (*Approuvé par les Ministres de l'Intérieur et de la Marine.*)   4 fr.

NOUVELLES ANNALES DE MATHÉMATIQUES. Journal des Candidats aux Écoles Polytechnique et Normale, rédigé par MM. *Gerono* et *Brisse.* (Publication fondée en 1842 par MM. *Gerono* et *Terquem*, et continuée par MM. *Gerono, Prouhet et Bourget.*)
1re Série, 20 vol. in-8, années 1842 à 1861.   300 fr.
Les tomes I à VII, X et XVI à XX (1842-1848, 1851 et 1857 à 1861) ne se vendent pas séparément. Les autres tomes de la 1re série se vendent séparément. 12 fr.
La 2e Série, commencée en 1862, continue de paraître chaque mois par cahier de 48 pages.
Les tomes I à VIII (1862 à 1869) de la 2e Série ne se vendent pas séparément. Les tomes suivants se vendent séparément.   15 fr.
Les abonnements sont annuels et partent de janvier.
Prix pour un an (12 numéros) :
Paris.....................................   15 fr.
Départements et Union postale.... ......   17 fr.
Autres pays................................   20 fr.

OGER (F.), Professeur d'Histoire et de Géographie, Maître de Conférences au Collège Sainte-Barbe. — Géographie de la France et Géographie générale, physique, militaire, historique, politique, administrative et statistique, *rédigée conformément au Programme officiel*, à l'usage des Candidats aux Écoles du Gouvernement et aux Aspirants aux Baccalauréats ès Lettres et ès Sciences. 7e édition. In-8; 1880.   3 fr.
Cet Ouvrage correspond à l'Atlas de Géographie générale du même Auteur.

OGER (F.). — Atlas de Géographie.
Atlas de Géographie générale à l'usage des Lycées, des Collèges, des Institutions préparatoires aux Écoles du gouvernement et de tous les établissements d'Instruction publique. 10e édition. In-plano, cartonné, contenant 33 Cartes coloriées; 1879.   14 fr.
Atlas géographique et historique à l'usage de la classe de QUATRIÈME. 2e édition. In-plano, cartonné, contenant 16 cartes coloriées; 1878.   8 fr. 50 c.
Atlas géographique et historique à l'usage de la classe de CINQUIÈME. In-plano cartonné, contenant 18 cartes coloriées; 1875.   8 fr. 50 c.
Atlas géographique et historique à l'usage de la classe de SIXIÈME. In-plano cartonné, contenant 10 cartes coloriées; 1875.   6 fr.
Atlas géographique et historique à l'usage des CLASSES ÉLÉMENTAIRES (7e, 8e et 9e), contenant 13 cartes coloriées, 1875.   6 fr.

OGER (F.). — Cours d'Histoire générale à l'usage des Lycées, des établissements d'instruction publique, des candidats aux Écoles du Gouvernement et aux baccalauréats, rédigé conformément aux programmes officiels.
I. *Histoire de l'Europe depuis l'invasion des Barbares jusqu'au XVIe siècle.* 2e édition. In-8; 1875.   3 fr. 50 c.
II. *Histoire de l'Europe depuis le XIVe jusqu'au milieu du XVIIe siècle.* 2e édition. In-8; 1875.   3 fr. 50 c.
III. *Histoire de l'Europe de 1610 à 1848.* 3e édition; 1875.   6 fr. 50 c.

IV. *Histoire de l'Europe de 1610 à 1815, (Cours de Rhétorique).* 2e édition. In-8; 1875.   7 fr. 50 c.

OLTRAMARE, Professeur à l'Université de Genève. — Leçons d'Arithmétique; Guide à l'usage des Professeurs.
1re PARTIE. — *Calcul numérique, avec de nombreux problèmes.* 2e édition. In-8; 1878.   3 fr. 50 c.

ORTOLAN (J.-A.), mécanicien en chef de la marine. — Mémorial du mécanicien d'usine et de navigation. Calculs d'application ; Tables et tableaux de résultats pour la construction, les essais et la conduite des machines à vapeur. In-18 de 540 pages, avec plus de 200 figures dans le texte ; 1878. Broché.   4 fr. 50 c.
Cartonné.   5 fr. 50 c.

PASTEUR, Membre de l'Institut. — Études sur le Vinaigre, sa fabrication, ses maladies, moyens de les prévenir ; nouvelles observations sur la conservation des Vins par la chaleur. Grand in-8, avec figures ; 1868.   4 fr.

PASTEUR (L.). — Études sur la maladie des Vers à soie ; *moyen pratique assuré de la combattre et d'en prévenir le retour.* Deux beaux volumes grand in-8, avec figures dans le texte et 37 planches ; 1870.   20 fr.

PASTEUR (L.). — Études sur la Bière ; *ses maladies, causes qui les provoquent, procédé pour la rendre inaltérable,* avec une THÉORIE NOUVELLE DE LA FERMENTATION. Grand in-8, avec 85 figures dans le texte et 13 planches gravées ; 1876.   20 fr.
Pour recevoir franco, dans tous les pays faisant partie de l'Union postale, l'Ouvrage soigneusement emballé entre cartons, ajouter 1 fr.

PASTEUR (L.). — Examen critique d'un écrit posthume de Claude Bernard sur la fermentation. In-8; 1879.   5 fr.

PEIGNÉ (M.-A.). — Conversion des mesures, monnaies et poids de tous les pays étrangers en mesures, monnaies et poids de la France. In-18 jésus; 1867. 2 fr. 50 c.

PEREIRE (Eugène). — Tables de l'intérêt composé des annuités et des rentes viagères. 2e édit., augmentée de 8 *Tableaux graphiques.* In-4; 1873.   10 fr.

PERRODIL (GROS de), Ingénieur en chef des Ponts et Chaussées. — Résistance des matériaux. — Résistance des voûtes et arcs métalliques employés dans la construction des ponts. In-8, avec 2 grandes planches; 1879.   7 fr. 50 c.

PERROTIN, Directeur de l'Observatoire de Nice. — Visite à divers Observatoires de l'Europe. In-8; 1881. 2 fr. 50 c.

PETERSEN (Julius), Membre de l'Académie royale danoise des Sciences, professeur à l'École royale polytechnique de Copenhague. — Méthodes et théories pour la résolution des problèmes de constructions géométriques, *avec application à plus de 400 problèmes.* Traduit par O. CHEMIN, Ingénieur des Ponts et Chaussées. Petit in-8, avec figures ; 1880.   4 fr.

PETIT (F.). — Traité d'Astronomie pour les gens du monde, avec des *Notes complémentaires* pour les Candidats au Baccalauréat, aux Écoles spéciales et à la Licence ès Sciences mathématiques. 2 volumes in-18 jésus, avec 286 figures dans le texte et une Carte céleste; 1866.   7 fr.

PIARRON DE MONDÉSIR, Ingénieur des Ponts et Chaussées. — Dialogues sur la Mécanique ; *Méthode nouvelle* pour l'enseignement de cette Science, résultats scientifiques nouveaux. In-8, avec figures ; 1870.   6 fr.

PIERRE (J.-I.), Professeur à la Faculté des Sciences de Caen. — Exercices sur la Physique, avec l'indication des solutions. 2e édit. In-8, avec 4 pl.; 1862.   4 fr.

pétiteur à l'École Polytechnique, etc., et **COMBEROUSSE** (Charles de), Professeur à l'École Centrale et au Collège Chaptal, etc. — Traité de Géométrie conforme aux Programmes officiels, renfermant un très grand nombre d'Exercices et plusieurs Appendices consacrés à l'exposition des Principales méthodes de la Géométrie moderne. 4ᵉ édition, revue et notablement augmentée. In-8 de xxxvi-900 pages, avec 616 figures dans le texte, et 1087 questions proposées; 1879. 14 fr.

On vend séparément, savoir :

Iʳᵉ Partie. — *Géométrie plane.* 6 fr.
IIᵉ Partie. — *Géométrie de l'espace ; Courbes et Surfaces usuelles.* 8 fr.

ROUCHÉ (Eugène) et **COMBEROUSSE** (Charles de). — Éléments de Géométrie, entièrement conformes aux derniers programmes d'enseignement des classes de troisième, de seconde, de rhétorique et de philosophie, suivis d'un Complément à l'usage des Élèves de Mathématiques élémentaires et de Mathématiques spéciales, et de *Notions sur le Lever des plans, l'Arpentage et le Nivellement.* 3ᵉ édit., revue et augmentée. In-8; 1881. 6 fr.

ROUCHÉ (Eugène). — Éléments d'Algèbre, à l'usage des Candidats au Baccalauréat ès Sciences et aux Écoles spéciales. (*Rédigés conformément aux Programmes.*) In-8, avec figures dans le texte; 1857. 4 fr.

SACHSE (Arnold). — Essai historique sur la représentation d'une fonction arbitraire d'une seule variable par une série trigonométrique. Grand In-8 ; 1880. 2 fr. 50 c.

SAINT-EDME, Professeur de Sciences physiques aux Écoles municipales d'Auteuil, Lavoisier, Turgot, et à l'École supérieure du Commerce. — L'Électricité appliquée aux Arts mécaniques, à la Marine, au Théâtre. In-8, avec belles fig. dans le texte; 1871. 4 fr.

SAINT-GERMAIN (de), Professeur de Mécanique à la Faculté des Sciences de Caen, ancien Maître de Conférences à l'École des Hautes Études de Paris. — Recueil d'Exercices sur la Mécanique rationnelle, à l'usage des candidats à la Licence et à l'Agrégation des Sciences mathématiques. In-8, avec figures dans le texte; 1877. 8 fr. 50 c.

SALVÉTAT (A.), Chef des travaux chimiques à la Manufacture de Sèvres. — Leçons de Céramique, professées à l'École Centrale des Arts et Manufactures. 2 vol. in-18, avec 479 figures dans le texte; 1857. 12 fr.

SCHRÖN (L.). — Tables de Logarithmes à sept décimales pour les nombres depuis 1 jusqu'à 108 000, et pour les fonctions trigonométriques de 10 en 10 secondes; et Tables d'Interpolation pour le calcul des parties proportionnelles; précédées d'une Introduction par J. Hoüel. 2 beaux volumes grand in-8 jésus. Paris; 1881.

PRIX :

	Broché.	Cartonné.
Tables de Logarithmes	8 fr.	9 fr. 75 c.
Table d'Interpolation	2	3 25
Tables de Logarithmes et Table d'Interpolation réunies en un seul volume	10	11 75

SCOTT (Robert-H.), Directeur du Service météorologique de l'Angleterre. — Cartes du temps et avertissements de tempêtes. Ouvrage traduit de l'anglais par MM. *Zurcher* et *Margollé.* Petit in-8, avec nombreuses figures dans le texte, et 2 planches en couleur; 1879. 4 fr. 50 c.

SECCHI (le P. A.), Directeur de l'Observatoire du Collège Romain, Correspondant de l'Institut de France. Le Soleil. 2ᵉ édition. Deux beaux volumes grand in-8, avec Atlas; 1875-1877. 30 fr.

On vend séparément :

Iʳᵉ Partie. Un volume grand in-8, avec 150 figures dans le texte et un atlas comprenant 6 grandes planches gravées sur acier (I. *Spectre ordinaire du Soleil et Spectre d'absorption atmosphérique.* — II. *Spectre de diffraction,* d'après la photographie de M. Henry Draper. — III, IV, V et VI. *Spectre normal du Soleil,* d'après Angström, et *Spectre normal du Soleil, portion ultra-violette,* par M. A. Cornu); 1875. 18 fr.

IIᵉ Partie. Un beau volume grand in-8, avec nombreuses figures dans le texte, et 13 planches, dont 12 en couleur (I à VIII. *Protubérances solaires.* — IX. *Type de tache du Soleil.* — X et XI, *Nébuleuses,* etc. — XII et XIII. *Spectres stellaires*); 1877. 18 fr.

SECRETAN. — Calendrier météorologique pour 1881. 2ᵉ année. In-4, avec tableaux et figures dans le texte; 1881. 2 fr.

SERRET (J.-A.), Membre de l'Institut. — Traité d'Arithmétique, à l'usage des candidats au Baccalauréat ès Sciences et aux Écoles spéciales. 6ᵉ édition, revue et mise en harmonie avec les derniers Programmes officiels par J.-A. Serret et par Ch. de Comberousse, Professeur de Cinématique à l'École Centrale et de Mathématiques spéciales au Collège Chaptal. In-8; 1875. (*Autorisé par décision ministérielle.*) 4 fr. 50 c.

SERRET (J.-A.). — Traité de Trigonométrie. 6ᵉ édition, revue et augmentée. In-8 avec fig. dans le texte; 1880. (*Autorisé par décision ministérielle.*) 4 fr.

SERRET (J.-A.). Cours d'Algèbre supérieure. 4ᵉ édition. 2 forts volumes in-8 avec figures; 1877-1879. 25 fr.

SERRET (J.-A.). Cours de Calcul différentiel et intégral. 2ᵉ édit. 2 forts vol. in-8, avec figures; 1878-1880. 24 fr.

SERRET (Paul). — Théorie nouvelle géométrique et mécanique des lignes à double courbure. In-8, avec 67 figures dans le texte; 1860. 8 fr.

SERRET (Paul). — Géométrie de Direction. Applications des coordonnées polyédriques. *Propriété de dix points de l'ellipsoïde, de neuf points d'une courbe gauche du quatrième ordre, de huit points d'une cubique gauche.* In-8, avec figures dans le texte; 1869. 10 fr.

STURM, Membre de l'Institut. — Cours d'Analyse de l'École Polytechnique, publié, d'après le vœu de l'auteur, par M. Prouhet. 6ᵉ édition, suivie de la Théorie élémentaire des Fonctions elliptiques, par M. *H. Laurent,* répétiteur à l'École Polytechnique. 2 vol. in-8, avec figures dans le texte; 1880. 14 fr.

STURM. — Cours de Mécanique de l'École Polytechnique, publié, d'après le vœu de l'auteur, par M. *E. Prouhet.* 4ᵉ édition, revue et annotée par M. *de Saint-Germain,* Professeur à la Faculté des Sciences de Caen. 2 volumes in-8, avec 189 figures dans le texte; 1881. 14 fr.

TARNIER, Inspecteur de l'Instruction primaire à Paris. — Éléments de Géométrie pratique, conformes au programme de l'enseignement secondaire spécial (année préparatoire, Sciences) à l'usage des Écoles primaires et des divers établissements scolaires. In-8, avec figures dans le texte, accompagné d'un Atlas in-folio contenant 1 planche typographique et 7 belles planches coloriées gravées sur acier; 1872. Prix du texte broché, avec l'Atlas en feuilles dans une couverture imprimée. 6 fr.

Prix du texte cartonné et de l'Atlas cartonné sur onglets. 8 fr. 75 c.

On vend séparément :

Le texte, broché, 2 fr. 50 c. ; cartonné, 3 fr. 25 c. L'Atlas, en feuilles, 3 fr. 50 c. ; cart. sur ongl., 5 fr. 50 c.

THIERRY fils. — Méthode graphique et géométrique, ou le Dessin linéaire appliqué aux arts en général, et en particulier à la projection des ombres, à la pratique de la coupe des pierres, à la perspective linéaire et aux cinq ordres d'Architecture. 2ᵉ éd., revue et corrigée par M. *C.-F.-M. Marie.* Grand in-8 oblong, avec 50 planches;

MAGNAC, lieutenant de vaisseau.—Nouvelle navigation astronomique. (L'heure du premier méridien est déterminée par l'emploi seul des chronomètres). Théorie et Pratique. Un beau volume in-4, avec planche; 1877. 20 fr.

On vend séparément :

THÉORIE, par M. *Yvon Villarceau.*   10 fr.
PRATIQUE, par M. *Aved de Magnac.*   12 fr.

ZEUNER. — Théorie mécanique de la Chaleur, avec ses APPLICATIONS AUX MACHINES. 2ᵉ édition, entièrement refondue, avec fig. dans le texte et tableaux. Ouvrage traduit de l'allemand et augmenté d'un *Appendice* comprenant les travaux postérieurs à la publication du texte allemand, en particulier les importantes Recherches de M. Zeuner sur les propriétés de la vapeur d'eau surchauffée; par M. M. *Aruthal.* Un fort volume in-8 ; 1869.   10 fr.

EXTRAIT DU CATALOGUE DE PHOTOGRAPHIE.

Abney (le capitaine), Professeur de Chimie et de Photographie à l'École militaire de Chatham. — *Cours de Photographie.* Traduit de l'anglais par LÉONCE ROMMELAER. 3ᵉ éd. Gr. in-8, avec planche photoglyptique; 1877. 5 fr.

Aide-Mémoire de Photographie pour 1881, publié sous les auspices de la Société photographique de Toulouse, par M. C. FABRE. Sixième année, contenant de nombreux renseignements sur les procédés rapides à employer pour portraits dans l'atelier, les émulsions au coton-poudre, à la gélatine, etc. In-18, avec fig. dans le texte.
Prix : Broché................. 1 fr. 75 c.
Cartonné................ 2 fr. 25 c.
Les volumes des années précédentes, sauf 1879 et 1880, se vendent aux mêmes prix.

Annuaire Photographique, par *A. Davanne.* 2 vol. in-18, années 1867 et 1868. Chaque volume se vend séparément :
Prix : Broché.............. 1 fr. 75.
Cartonné.............. 2 fr. 25.

Aubert. — *Traité élémentaire et pratique de Photographie au charbon.* In-18 jésus; 1878.   1 fr. 50 c.

Barreswil et Davanne. — *Chimie photographique.* 4ᵉ édition, revue et augmentée. In-8, avec fig.... 8 fr. 50 c.

Blanquart-Evrard. — *Intervention de l'art dans la Photographie.* In-12, avec une photographie... 1 fr. 50 c.

Boivin (F.). — *Procédé au collodion sec.* 2ᵉ édition, augmentée du formulaire de Th. Sutton, des tirages aux poudres inertes (procédé au charbon), ainsi que de notions pratiques sur la Photographie, l'Electrogravure et l'Impression à l'encre grasse. In-18 j.; 1876.   1 fr. 50 c.

Bulletin de la Société française de Photographie. Grand in-8, mensuel. 27ᵉ année; 1881.
Prix pour un an : Paris et les départements.. 12 fr.
Étranger................. 15 fr.

Chardon (Alfred). — *Photographie par émulsion sèche au bromure d'argent pur* (Ouvrage couronné par le Ministre de l'Instruction publique et par la Société française de Photographie). Gr. in-8, avec fig.; 1877.. 4 fr. 50 c.

Chardon (Alfred). — *Photographie par émulsion sensible, au bromure d'argent et à la gélatine.* Grand in-8, avec figures ; 1880.   3 fr. 50 c.

Clément (R.). — *Méthode pratique pour déterminer exactement le temps de pose en Photographie,* applicable à tous les procédés et à tous les objectifs, indispensable pour l'usage des nouveaux procédés rapides. In-8; 1880.   1 fr. 50 c.

Cordier (V.). — *Les insuccès en Photographie; causes et remèdes.* 3ᵉ édit. avec fig. Nouveau tirage. In-18 jésus; 1880................ 1 fr. 75 c.

Davanne. — *Les Progrès de la Photographie.* Résumé comprenant les perfectionnements apportés aux divers procédés photographiques pour les épreuves négatives et les épreuves positives, les nouveaux modes de tirage des épreuves positives par les impressions aux poudres colorées et par les impressions aux encres grasses. In-8; 1877................ 6 fr. 50 c.

Davanne. — *La Photographie, ses origines et ses applications.* Conférence de l'Association scientifique de France, faite à la Sorbonne le 20 mars 1879. Grand in-8, avec figures; 1879.   1 fr. 25 c.

Davanne. — *La Photographie appliquée aux Sciences.* Conférence de l'Association scientifique de France, faite à la Sorbonne le 26 février 1881. Gr. in-8; 1881.   1 fr. 25 c.

Ducos du Hauron (H. et L.). — *Traité pratique de la Photographie des couleurs* (Héliochromie). Description des moyens d'exécution récemment découverts. In-8; 1878................ 3 fr.

Dumoulin. — *Manuel élémentaire de Photographie au collodion humide.* In-18 jésus, avec figures.. 1 fr. 50 c.

Dumoulin. — *Les Couleurs reproduites en Photographie;* Historique, théorie et pratique. In-18 jésus. 1 fr. 50 c.

Fabre (C.). — *La Photographie sur plaque sèche. — Émulsion au coton-poudre avec bain d'argent.* In-18 jésus ; 1880................ 1 fr. 75 c.

Fortier (G.). — *La Photolithographie, son origine, ses procédés, ses applications.* Petit in-8, orné de planches, fleurons, culs-de-lampe, etc., obtenus au moyen de la Photolithographie; 1876................ 3 fr. 50 c.

Godard (E.). — *Encyclopédie des virages.* 2ᵉ édition, revue et augmentée, contenant la préparation des sels d'or et d'argent. In-8................ 2 fr.

Hannot (le capitaine), Chef du service de la Photographie à l'Institut cartographique militaire de Belgique. — *Exposé complet du procédé photographique à l'émulsion* de M. WARNERCKE, lauréat du Concours international pour le meilleur procédé au collodion sec rapide, institué par l'Association belge de Photographie en 1876. In-18 jésus; 1880.   1 fr. 50 c.

Hannot (le capitaine). — *Les Éléments de la Photographie.* I. Aperçu historique et exposition des opérations de la Photographie. — II. Propriété des sels d'argent. — III. Optique photographique. In-8........ 1 fr.

Huberson. — *Formulaire de la Photographie aux sels d'argent.* In-18........................ 1 fr. 50 c.

Huberson. — *Précis de Microphotographie.* In-18 jésus, avec figures dans le texte et une planche en photogravure; 1879.   2 fr.

Journal de l'Industrie photographique, *Organe de la Chambre syndicale de la Photographie.* Grand in-8, mensuel. 2ᵉ année; 1881.
Prix pour un an : Paris, France, Étranger.   7 fr.

Klary. — *Retouche photographique,* par un Spécialiste. Gr. in-8, de 48 pages, orné de deux belles études de retouche d'après un cliché de M. FRITZ LUCKHARDT; 1875.   5 fr.

La Blanchère (H. de). — *Monographie du stéréoscope et des épreuves stéréoscopiques.* In-8, avec figures.. 5 fr.

Lallemand. — *Nouveaux procédés d'impression autographique et de photolithographie.* In-12.......... 1 fr.

Liesegang, Docteur ès sciences. — *Notes photographiques.* Collodion humide, émulsion au collodion, à la gélatine,

D'ESCLAIBES (l'Abbé). — **Thèse d'Analyse.** — Sur les applications des fonctions elliptiques à l'étude des courbes du premier genre. In-4, 124 pages; 1880. 8 fr.

FLOQUET (Gaston). — **Thèse d'Analyse.** — Sur la théorie des équations différentielles linéaires. In-4, 132 pages; 1879. 5 fr.

FORQUIGNON. — **Thèse de Chimie.** — Recherches sur la fonte malléable et sur le recuit des aciers. In-4, 124 pages, avec figures; 1881. 5 fr.

GRIMAUX (E.). — **Thèse de Chimie.** — Recherches synthétiques sur la série urique. In-4, 79 pages; 1877. 3 fr.

GRIPON (E.). — **Thèse de Physique.** — Recherches sur les tuyaux d'orgues à cheminée. In-4, 76 p.; 1864. 3 fr.

HALPHEN. — **Thèse d'Analyse.** — Sur les invariants différentiels. In-4, 60 pages; 1878. 3 fr.

HURION (A.). — **Thèse de Physique.** — Recherches sur la dispersion anomale. In-4, 52 pages; 1877. 3 fr.

LAISANT. — **Thèses d'Analyse.** — I. Applications mécaniques du calcul des quaternions. — II. Sur un nouveau mode de transformation des courbes et des surfaces. In-4, 133 pages; 1877. 5 fr.

LECHAT (F.-R.). — **Thèse de Physique.** — Des vibrations à la surface des liquides. In-4, 56 pages; 1880. 3 fr.

MARGOTTET (J.). — **Thèse de Chimie.** — Recherches sur les sulfures, les séléniures et les tellurures métalliques. In-4, 56 pages; 1879. 2 fr.

MARTIN (A.). — **Thèse de Physique.** — Théorie des instruments d'optique. In-4, 76 pages, 2 planches sur cuivre; 1867. 4 fr.

MAXIMOVITCH (W. de). — **Thèse d'Analyse.** — Nouvelle méthode pour intégrer les équations simultanées aux différentielles totales. In-4, 28 pages; 1879. 2 fr.

MIQUEL (P.). — **Thèse de Chimie.** — Sur quelques combinaisons nouvelles de l'acide sulfocyanique. In-4, 72 pages; 1877. 2 fr. 50 c.

MONTGOLFIER (J. de). — **Thèse de Chimie.** — Sur les isomères et les dérivés du camphre. In-4, 118 pages; 1878. 3 fr. 50 c.

OGIER (J.). — **Thèse de Chimie.** — Recherches sur les combinaisons de l'hydrogène avec le phosphore. In-4, 62 pages; 1880. 2 fr. 50 c.

PÉRIGAUD. — **Thèse d'Astronomie.** — Exposé de la méthode de Hansen pour le calcul des perturbations spéciales des petites planètes. In-4, 44 pages; 1877. 3 fr.

PERROTIN (J.) — **Thèse d'Astronomie.** — Théorie de Vesta. In-4, 90 pages; 1879. 5 fr.

PRUNIER (L.). — **Thèse de Chimie.** — Recherches sur la quercite. In-4, 91 pages; 1878. 3 fr. 50 c.

PUISEUX (P.). — **Thèse d'Astronomie.** — Sur l'accélération séculaire du mouvement de la Lune. In-4, 88 pages; 1879. 4 fr.

SALVERT (F. de). — **Thèse de Mécanique.** — Étude sur le mouvement permanent des fluides. In-4, 50 pages; 1874. 3 fr.

TROOST. — **Thèse de Chimie.** — Recherches sur le lithium et ses composés. In-4, 48 pages; 1857. 2 fr.

TURQUAN (Louis-Victor). — **Thèses d'Algèbre et de Mécanique.** — I. Résolution numérique sans élimination des équations à plusieurs inconnues. — II. Recherches sur la stabilité de l'équilibre des corps flottants. In-4, 101 pages; 1866. 5 fr.

VILLIERS (A.). — **Thèse de Chimie.** — De l'éthérification des acides minéraux. In-4, 68 pages; 1880. 3 fr.